**Qualität des Leitungs
Trinkwassers in ländlichen Gebieten**

Lyubov Grigorenko

Qualität des Leitungswassers und des vorbehandelten Trinkwassers in ländlichen Gebieten

ScienciaScripts

Imprint

Any brand names and product names mentioned in this book are subject to trademark, brand or patent protection and are trademarks or registered trademarks of their respective holders. The use of brand names, product names, common names, trade names, product descriptions etc. even without a particular marking in this work is in no way to be construed to mean that such names may be regarded as unrestricted in respect of trademark and brand protection legislation and could thus be used by anyone.

Cover image: www.ingimage.com

This book is a translation from the original published under ISBN 978-3-659-82326-8.

Publisher:
Sciencia Scripts
is a trademark of
Dodo Books Indian Ocean Ltd. and OmniScriptum S.R.L publishing group

120 High Road, East Finchley, London, N2 9ED, United Kingdom
Str. Armeneasca 28/1, office 1, Chisinau MD-2012, Republic of Moldova, Europe

ISBN: 978-620-8-20037-4

Copyright © Lyubov Grigorenko
Copyright © 2024 Dodo Books Indian Ocean Ltd. and OmniScriptum S.R.L publishing group

Rezensenten:

Buryak L.I. - Doktor der medizinischen Wissenschaften, Professor der Abteilung für Hygiene und Ökologie "Medizinische Akademie Dnepropetrowsk des Gesundheitsministeriums der Ukraine", Akademiemitglied der Akademie der Wissenschaften der Ukraine, wissenschaftlicher Leiter des Labors N-VTC "Hygienist" und des Forschungslabors N-VTC "Expertise". Autor von mehr als 300 wissenschaftlichen Arbeiten: darunter 2 Monographien, 5 Erfindungen, 35 Vorschläge.

Schewtschenko I.N. - Kandidat der medizinischen Wissenschaften, außerordentlicher Professor, erster Vizerektor des "Dnepropetrowsker Medizinischen Instituts für traditionelle und nichttraditionelle Medizin". Autor von mehr als 150 wissenschaftlichen Arbeiten.

INHALT.

EINFÜHRUNG 3

ABSCHNITT 1: MATERIALIEN UND METHODEN DER FORSCHUNG 8

ABSCHNITT 2: HYGIENISCHE BEWERTUNG DER TRINKWASSERQUALITÄTSINDIKATOREN FÜR DIE BEVÖLKERUNG DER WESTLICHEN URBANISIERUNGSZONE (KRIVOY ROG) 16

ABSCHNITT 3: MORBIDITÄT DER BEWOHNER LÄNDLICHER GEBIETE IN EINIGEN TAXA DER OBLAST DNEPROPETROVSK (NACH NIVEAU DER DURCHSCHNITTLICHEN JÄHRLICHEN INDIKATOREN) 28

ABSCHNITT 4: VERGLEICHENDE CHARAKTERISTIK DER QUALITÄTSINDIKATOREN VON VORBEHANDELTEM WASSER VERSCHIEDENER HERSTELLER AUS DER URBANISIERUNGSZONE VON KRIVOY ROG UND TRINKWASSER AUS DER LEITUNG IN EINEM LÄNDLICHEN TAXON (BEZIRK KRIVOY ROG) 37

SCHLUSSFOLGERUNG 52

REFERENZLISTE 55

INHALTSVERZEICHNIS

Relevanz. Die Analyse der aktuellen Situation in der Ukraine im Bereich der Trinkwasserversorgung, der Trinkwasserqualität und des sanitären Zustands der Wasserversorgungsquellen zeigt eine reale Gefahr des Faktors Wasser für die menschliche Gesundheit [1]. Negative Tendenzen bei der Versorgung der Bevölkerung mit Trinkwasser garantierter Qualität häufen sich seit vielen Jahrzehnten und haben nun in einigen Regionen der Ukraine einen kritischen Zustand erreicht [2].

Die Region Dnepropetrovsk ist eine der größten in der Ukraine, was die Verschmutzung der Wasserversorgungsquellen betrifft. Nach den Ergebnissen zahlreicher Studien wurde festgestellt, dass in einer Reihe von ländlichen Gebieten der Region Dnepropetrovsk die Qualität des Trinkwassers aus Oberflächengewässern in mehr als 60 % der Proben für physikalische und chemische und in mehr als 10 % der Proben für bakteriologische Indikatoren nicht den sanitären Anforderungen entspricht [3].

Das Problem der Qualität der Trinkwasserversorgung in ländlichen Gebieten wird jedoch von den einheimischen Wissenschaftlern nicht gebührend beachtet. Das Trinkwasser aus dezentralen Wasserversorgungsquellen in den meisten ländlichen Gebieten der Ukraine entspricht nicht den Anforderungen der Hygienestandards in Bezug auf die mineralische Zusammensetzung: Gesamthärte, Salzgehalt, Stickstoffverbindungen, Eisen, Mangan, deren Gehalt 2-10 mal höher als der MPC ist. Die Wissenschaftler führen dies jedoch nicht immer auf die anthropogene Verschmutzung der Wasserversorgungsquellen zurück, sondern auf regionale natürliche Besonderheiten der Bodenschichten, in denen sich das Wasser bildet [3].

Die überwiegende Mehrheit der wissenschaftlichen Forschung konzentriert sich auf die Untersuchung des hygienischen Zustands der Wasserversorgung der städtischen Bevölkerung, insbesondere in den industriellen Regionen der Ukraine [4, 5, 6], wird die Notwendigkeit solcher Studien in ländlichen Gebieten noch deutlicher hervorgehoben. In diesem Zusammenhang ist die Frage der Untersuchung der chemischen Zusammensetzung des Trinkwassers in ländlichen Gebieten von Bedeutung.

Seit den Zeiten der ehemaligen UdSSR hat die Ukraine die Praxis beibehalten, befristete Genehmigungen für die Nutzung von Leitungswasser zu erteilen, dessen Qualität hinsichtlich der mineralischen Zusammensetzung nicht den Normen entspricht. Etwa 4,6 Millionen Menschen in 160 Städten und 100 Siedlungen städtischen Typs in 25 Regionen der Ukraine erhalten Trinkwasser aus unterirdischen Wasserversorgungsquellen mit Abweichungen von den normativen Anforderungen [7]. Auf dem Territorium des Gebiets Dnepropetrowsk mit einer Gesamtbevölkerung von 3,4 Millionen Einwohnern - die Zahl der Landbevölkerung beträgt 609365 Einwohner - wurde die chemische Zusammensetzung des Trinkwassers in ländlichen Gebieten in den letzten zehn Jahren jedoch nicht untersucht.

Bei den komplexen Auswirkungen verschiedener Umweltfaktoren auf den Gesundheitszustand der Bevölkerung spielt das Trinkwasser, das infektiöse und nicht-infektiöse Krankheiten verursachen kann, eine wichtige Rolle [8]. Es ist bekannt, dass die Nichteinhaltung der gesetzlichen Anforderungen an die Trinkwasserqualität einer der Gründe für die Verbreitung von Krankheiten nicht-infektiöser Ätiologie ist: Zahnkaries oder Zahnfluorose (Fluoridmangel oder -überschuss); Methämoglobinämie (Nitratüberschuss im Wasser); Urolithiasis oder Cholelithiasis (Überschuss an Mineralsalzen im Wasser); endemische Struma (Jodmangel im Wasser); Herz-Kreislauf-Erkrankungen (weiches oder hartes Wasser) [9].

Die Arbeiten der einheimischen Wissenschaftler - Hygieniker in den letzten 10 Jahren haben es ermöglicht, die gefährlichen Folgen der aktiven Migration von Schwermetallen (HM) in lebenserhaltende Umgebungen vorherzusagen und ihre negativen Auswirkungen auf die Gesundheit der Bevölkerung in den Wohngebieten der Industriestädte darzustellen [10]. Es ist erwiesen, dass in den letzten 20 Jahren in der Luft der Industriestädte der Ukraine ein allmählicher Rückgang des Gehalts an Schwermetallen in der Luft, aber ein signifikanter Anstieg ihres Gehalts im Wasser und in den Lebensmitteln zu verzeichnen ist, was mit dem Grad der inneren Kontamination des Organismus der Bewohner der Industriestädte korreliert [11]. Daher ist das Problem der Untersuchung der chemischen Verschmutzung in den Systemen der zentralen und dezentralen Wasserversorgung in ländlichen Siedlungen von Bedeutung.

In einer mehrjährigen Studie amerikanischer Wissenschaftler in ländlichen Gebieten ausgewählter US-Bundesstaaten, die zwischen 1971 und 2006 durchgeführt wurde, wurden ätiologische Faktoren in 48 Fällen von durch Wasser übertragenen Krankheitsausbrüchen in 24 Bundesstaaten ermittelt. Von diesen 48 Ausbrüchen wurden 36 mit unzureichend aufbereitetem Trinkwasser aus Grundwasserquellen in Verbindung gebracht, das zu Infektionskrankheiten bei Erwachsenen beitrug: 4128 Menschen erkrankten und 3 Menschen starben [12].

Eine detaillierte Analyse der Ursachen der durch Wasser übertragenen Krankheitsausbrüche ergab, dass 21 Ausbrüche (58,3 %) mit E. coli-Bakterien in Verbindung gebracht wurden, 5 Ausbrüche (13,9 %) waren viralen Ursprungs, 3 Ausbrüche (8,3 %) wurden durch Parasiten verursacht, 1 Ausbruch (2,8 %) wurde mit einer chemischen Verunreinigung des Trinkwassers aus

Brunnen in Verbindung gebracht, 1 Ausbruch (2,8 %) war auf die gleichzeitige Verunreinigung von Grundwasserquellen mit Bakterien und Viren zurückzuführen, 1 Ausbruch (2,8 %) auf die gleichzeitige Verunreinigung des Trinkwassers mit Bakterien und Parasiten, und 4 Ausbrüche (11,1 %) hatten eine unklare Ätiologie. Von den 36 wasserbedingten Ausbrüchen bei Erwachsenen in ausgewählten US-Bundesstaaten wurden 22 Ausbrüche (61,1 %) von akuten Magen-Darm-Erkrankungen, 12 Ausbrüche (33,3 %) von akuten Enterovirus-Erkrankungen und 1 Ausbruch (2,8 %) von Hepatitis A gemeldet [13]. Die Hauptursachen für diese durch Wasser übertragenen Krankheitsausbrüche in den Vereinigten Staaten werden von den Epidemiologen des Zentrums für Seuchenkontrolle (Centre for Disease Control) als Mängel im Zusammenhang mit dem Konsum von unzureichend aufbereitetem Trinkwasser aus unterirdischen Wasservorräten angesehen. Insgesamt wurden 21 (59,5 %) Fälle von Wasserausbrüchen gemeldet, wobei die wichtigsten Mängel folgende waren: 13 (61,9 %) Fälle stehen im Zusammenhang mit unbehandeltem Trinkwasser aus Grundwasserversorgungsquellen, 6 (28,6 %) mit dem Trinkwasseraufbereitungssystem, 1 (4,8 %) mit dem Verteilungssystem von vorbehandeltem Trinkwasser und 1 (4,8 %) mit dem Verteilungsnetz [14].

Bei der Aufbereitung von Oberflächenwasser wurden keine Ausbrüche festgestellt. Bei mehr als 50 % der Grundwasserversorgungen in ländlichen Gebieten der Vereinigten Staaten kam es über einen Zeitraum von 35 Jahren (1997 bis 2006) zu Ausbrüchen von durch Wasser übertragenen Krankheiten, die mit unbehandelten oder unzureichend behandelten Grundwasserversorgungen in Verbindung gebracht wurden, so dass die Grundwasserkontamination nach wie vor ein drängendes Hygieneproblem darstellt [15]. Daher konzentrieren sich die Gesundheitsbehörden in den Vereinigten Staaten auf die ermittelten Krankheitsursachen, insbesondere in der ländlichen Bevölkerung, auf die Sanierung von Brunnen und Trinkwasserquellen sowie auf die Sanierung ländlicher Brunnen, um die Bevölkerung vor bakteriellen und viralen Krankheitserregern zu schützen [16].

Aus der Literatur [17] geht hervor, dass die Hauptrolle bei der Beeinflussung der Gesundheit der Bevölkerung Risikofaktoren wie "Lebensstil", ungünstige demografische Situation, unvernünftige Ernährung, schädliche Arbeitsbedingungen und dergleichen spielen. Der Anteil des Einflusses dieser Faktoren auf die Gesundheit liegt bei 49-53 %, der Anteil des Einflusses genetischer Faktoren bei 18-22 %, medizinischer Faktoren - 8-10 % und der Einfluss von Umweltfaktoren auf die Gesundheit bei 17-20 % [18]. Bei der Frage der Gefährdung der Gesundheit der Landbevölkerung durch Umweltverschmutzung sollte daher berücksichtigt werden, dass schädliche Faktoren nicht nur durch Einatmen, sondern auch oral - über das Trinkwasser und die Nahrung - aufgenommen werden können [19, 20, 21]. Dies ist besonders wichtig für Stoffe, die weit verbreitet sind und leicht in biologische Ketten eingebunden werden: "Boden - Grund- und Oberflächenwasser - Pflanzen - Tiere - Menschen". Dazu gehören vor allem Schwermetalle, persistente organische stickstoffhaltige Verbindungen und andere Xenobiotika [22, 23, 24].

Nach Angaben der UNO haben derzeit 1,1 Milliarden Menschen auf der Welt keinen Zugang zu qualitativ hochwertigem Trinkwasser. Infektionskrankheiten, die durch den Faktor Wasser verursacht werden, machen etwa 80 % der Infektionskrankheiten in der Welt aus. Trinkwasser, das nicht den sanitären und hygienischen Anforderungen entspricht, stellt eine Bedrohung für Massenkrankheiten der Bevölkerung dar und erhöht die Sterblichkeit (insbesondere bei Kindern).

Die Verfügbarkeit von hochwertigem Trinkwasser in einer Menge, die den menschlichen Grundbedürfnissen entspricht, ist eine der Voraussetzungen für die Verbesserung der menschlichen Gesundheit und die nachhaltige Entwicklung des Staates. Jede Nichteinhaltung der Trinkwasserqualitätsnorm kann zu ungünstigen Folgen für die Gesundheit und das Wohlbefinden der Bevölkerung führen. In diesem Zusammenhang ist es wichtig, die Auswirkungen des Wassers auf den menschlichen Körper und insbesondere auf die Dorfbewohner zu bewerten. Denn der Faktor Wasser trägt zum Auftreten und zur Verschlimmerung von mehr als 80 % der somatischen Krankheiten wie Atherosklerose und anderen nicht übertragbaren Krankheiten bei [25].

Angesichts der Tatsache, dass sich der Großteil der wissenschaftlichen Forschung in den letzten 20 Jahren auf die Untersuchung des hygienischen Zustands der Trinkwasserversorgung in Industriestädten konzentriert hat, ist die Notwendigkeit einer solchen Forschung in ländlichen Gebieten umso fraglicher.

Zweck und Ziele der Studie. Ziel der Arbeit ist die wissenschaftliche Untermauerung von sanitären und hygienischen Maßnahmen zur Verbesserung der Sicherheit und Qualität des Trinkwassers aus zentralen und dezentralen Wasserversorgungsquellen in ländlichen Siedlungen der Region Dnepropetrovsk auf der Grundlage einer ökologischen und hygienischen Bewertung der Qualitätsindikatoren von Leitungswasser und aufbereitetem Trinkwasser.

Um das Ziel der Studie zu erreichen, sind die folgenden **Ziele** vorgesehen:
1. die Qualität des Wassers aus dem Karachunovskoye Reservoir - einer Quelle der zentralen Wasserversorgung für die Bevölkerung der westlichen (Krivoy Rog Zone) Urbanisation, nach dem Niveau der durchschnittlichen jährlichen Indikatoren der Salzzusammensetzung, allgemeine sanitäre, chemische, organoleptische und toxikologische Indikatoren der chemischen Zusammensetzung des Wassers für den langfristigen Beobachtungszeitraum (1965 - 2012) Jahre zu bewerten.
2. das Niveau der Morbidität unter der erwachsenen Bevölkerung - Bewohner der ländlichen Taxa der Region Dnepropetrovsk für 6 - Jahre Beobachtungszeitraum (2008 - 2013) Jahre zu bestimmen.

3. Durchführung einer vergleichenden Bewertung der Qualitätsindikatoren von vorbehandeltem Wasser von verschiedenen Firmen - Herstellern, das in der Urbanisierungszone Krivoy Rog produziert wird, und Leitungswasser in 1 Taxon (Bezirk Krivoy Rog).

Gegenstand der Studie: Indikatoren für die Trinkwasserqualität; Indikatoren für die Morbidität der ländlichen Bevölkerung; orale Exposition der ländlichen Bevölkerung gegenüber chemischen Verbindungen mit dem Trinkwasser.

Forschungsmethoden: retrospektive epidemiologische Studie (für die Analyse der Morbidität unter der erwachsenen Bevölkerung der ländlichen Taxa der Region); sanitär-toxikologische, physikalisch-chemische (für die Bestimmung von Indikatoren für die Wasserqualität aus Wasserversorgungsquellen); sanitär-statistische (für die mathematische Verarbeitung der erhaltenen quantitativen Indikatoren, Methoden der Variationsstatistik).

Die statistische Verarbeitung der Ergebnisse erfolgte auf einem Personalcomputer unter Verwendung der Standard-Statistikpakete STATISTICA 6.0 (Lizenznummer 74017-640-0000106-57362). Das Excel-Paket (Lizenznummer 74017-640-0000106-57285) wurde für die anfängliche Erstellung von Tabellen und Zwischenberechnungen verwendet. Die folgenden Parameter wurden berechnet: Mittelwerte (M), Fehler des Mittelwerts (m), Median (Me), 2575% Konfidenzintervall (CI).

ABSCHNITT 1: MATERIALIEN UND METHODEN DER FORSCHUNG

Um die gestellten Aufgaben zu lösen, haben wir komplexe ökologische und hygienische Untersuchungen der Wasserqualität aus dem Karachunowskoje-Stausee - einer Quelle der zentralisierten Wasserversorgung für die Bevölkerung der westlichen (Kriwoj Rog-Zone) Urbanisation - durchgeführt; die Qualitätsindikatoren des von verschiedenen Firmen produzierten, vorbehandelten Trinkwassers untersucht; eine retrospektive Bewertung des Gesundheitszustandes der erwachsenen Bevölkerung der ländlichen Taxa der Region Dnepropetrowsk durchgeführt. Bei der Verwirklichung des Programms der gegebenen Arbeit wurden die den Zielen und Aufgaben entsprechenden Forschungsmethoden verwendet: die retrospektive epidemiologische Forschung; chemisch-analytisch (die Atomabsorptionsspektrophotometrie); sanitär-chemisch (die Photokolorimetrie); die sanitär-statistischen Methoden (die mathematische Bearbeitung der bekommenen quantitativen Kennziffern, die Methoden der Variationsstatistik). Allgemeine Informationen über die Phasen, Methoden und den Umfang der Forschung sind in Tabelle 1 aufgeführt.

Entsprechend der territorialen Verteilung wurden die 22 Verwaltungsbezirke der Region Dnepropetrovsk in 6 Taxa-Typen eingeteilt, gemäß dem "Schema der Planung des Territoriums der Region Dnepropetrovsk" [26]. Die Klassifizierung der territorialen Taxa erfolgte anhand von Indikatoren, die das Entwicklungspotenzial der einzelnen Taxa berücksichtigen, nämlich: Verkehrsgünstigkeit und geografische Lage, Versorgung der ländlichen Bevölkerung mit Trinkwasser garantierter Qualität und Potenzial an natürlichen Ressourcen, Entwicklungsniveau des Verkehrsnetzes, Arbeitskräftepotenzial und Niveau der wirtschaftlichen, sozialen, ökologischen und städtischen Entwicklung.

Tabelle 1
Etappen, Methoden und Umfang der Forschung

Nein. k.A.	Forschungsphase	Forschungsmethoden	Umfang der Forschung
1.0	[1]Bestimmung der Wasserqualität des Karachunovskoye Reservoirs - eine Quelle der zentralen Wasserversorgung für die Bevölkerung der westlichen (Krivoy Rog Zone) Urbanisierung :		
1.1.	Untersuchungen der Salzzusammensetzung des Wassers aus dem Karachunovskoye Stausee nach den Niveaus der durchschnittlichen Jahreswerte (1965-2012) Jahre	Sanitärchemisch: Bestimmung der Gesamthärte, des Trockenrückstands, der Sulfate und Chloride durch photolorimetrische Methoden	7296
1.2.			1000

	Bewertung der organoleptischen und allgemeinen sanitär-chemischen Indikatoren der Wasserqualität des Karachunovskoye Stausees für die Jahre (2008 -2012)	Organoleptisch: Geruch bei 200 - 600C, Geschmack und Nachgeschmack, Farbe, Trübung	
		Sanitär und chemisch: Bestimmung von pH-Wert, Alkalinität, Permanganat-Säure, Bi-Chromat-Säure, BSB, gelöstem Sauerstoff, organischem Gesamtkohlenstoff durch fotokolorimetrische Methoden	1750
1.3.	Bestimmung der Indikatoren der chemischen Zusammensetzung des Wassers aus dem Karachunovskoye Reservoir (2008 -2012) Jahre	Sanitärchemie: Bestimmung von Ammoniumstickstoff, Nitrit, Nitrat, Mo, As, Zn, Cyanid, Ni, Pb, $CaPO_4$, Mg, Na+ - K+, Fe, Cd, Cu, F, Cr, Silizium usw.	5500
		Säure, Polyphosphate, SPAS, Erdölprodukte, Phenol durch photokolorimetrische und atomabsorptionsspektrophotometrische Methoden	
2.0	[1]Untersuchung der Qualitätsindikatoren des vorbehandelten Trinkwassers, das von der Bevölkerung der westlichen Urbanisation (Gebiet Krivoy Rog) verwendet wird:		
2.1.	Untersuchung der Qualitätsindikatoren von vorbehandeltem Trinkwasser des Herstellers Mizrahin LLC (2012-2014) Beobachtungsjahre	Organoleptisch: Geruch bei 200 - 600C, Geschmack und Aroma, Farbe, Trübung, Sedimentation	1301

		Sanitär und chemisch: Bestimmung der Gesamthärte, des Trockenrückstands, der Chloride, Sulfate, des Gesamteisens, der Gesamtalkalität, von Mg, Zn, Cu, Mn, pH, F, Al, Ag, Pb, Cd, Hg, Ammoniumstickstoff, Nitriten, Nitraten, Säuregehalt durch photokolorimetrische und atomabsorptionsspektroskopische Methoden.	2602
2.2.	Untersuchung der Qualitätsindikatoren von vorbehandeltem Trinkwasser, das vom Herstellerunternehmen "Anisimov" LLC produziert wird (2012-2014) Beobachtungsjahre	Organoleptisch: Geruch bei 200 - 600C, Geschmack und Aroma, Farbe, Trübung, Sedimentation	1059
		Sanitärchemie: Bestimmung von Gesamthärte, Trockenrückstand, Chlorid, Sulfat, Gesamteisen, Gesamtalkalität, Mg, Zn, Cu, Mn, pH, F, Al, Ag, Pb, Cd, Hg, Ammoniumstickstoff, Nitrit, Nitrat, Azidität durch photokolorimetrische und atomabsorptionsspektrofotometrische Methode	2118
3.0	[2]Studie über die Dynamik der Gesundheitsindikatoren der ländlichen Bevölkerung der Region Dnipropetrowsk für die Jahre (2008 - 2013) :		
3.1.	Studie über die Morbidität der erwachsenen Bevölkerung in 6 ländlichen Taxa der Region Dnepropetrovsk, nach den Niveaus der durchschnittlichen mehrjährigen Indikatoren	Retrospektive epidemiologische Studie: Alle Krankheiten, I (A00-B99), II (C00-D48) III (D50-D89), (D50- D53), IV (E00-E90), VI (G00-	522720

		G99), IX (I00-I99), X (J00- J99), XI (K00-K93), XII (L00-L99), XIII (M00-M99), XIV (N00-N99), XVII (Q00-Q99), XVII (Q20-Q28) Klassen von Krankheiten (ICD - X).

Klassifizierung der ländlichen Taxa der Region Dnepropetrovsk.
Der erste Typ - Taxa mit einem hohen Potenzialindikator und einem hohen Niveau der sozioökonomischen und städtischen Entwicklung (Bezirke Krivoy Rog und Novomoskovsk); der zweite Typ - Taxa mit einem durchschnittlichen Potenzialindikator und einem hohen Niveau der sozioökonomischen und städtischen Entwicklung (Bezirke Nikopol und Pavlograd); der dritte Typ - Taxa mit einem hohen Potenzialindikator und einem durchschnittlichen Niveau der sozioökonomischen und städtischen Entwicklung (Bezirk Dnepropetrovsk); der vierte Typ - Taxa mit einem durchschnittlichen Potenzialindikator und einem durchschnittlichen Niveau der sozioökonomischen und städtischen Entwicklung (Bezirk Dnepropetrovsk)

Die experimentelle Zone - westliche (Krivoy Rog) Urbanisierungszone nimmt (9 % der Fläche der Region Dnepropetrovsk, Bevölkerung - 740 Tausend Menschen, von denen 94 % - städtische Bevölkerung). Die Urbanisierungszone Krivoy Rog umfasst die Stadt Krivoy Rog und das Gebiet des Karachunovskoye-Stausees mit Wasserschutzzonen für die Entwicklung der kurzfristigen und stationären Erholung. Die Entwicklung der Stadt Krivoy Rog und des Gebiets des Karachunovskoye-Stausees ist mit dem Betrieb mächtiger Bergbau- und Metallurgieunternehmen verbunden, die in Bezug auf die Urbanisierung und die negativen Auswirkungen auf die Umwelt ein Krisenniveau erreicht haben. Das "Programm zur Reform und Entwicklung des Wohnungs- und Kommunalwesens in der Region Dnipropetrowsk für den Zeitraum 2004-2020" sieht Folgendes vor: Wiederaufbau der Wasserversorgungs- und Abwasserentsorgungsnetze; Maßnahmen zur Einführung neuester Technologien in der Bergbauindustrie; Rekultivierung gestörter Territorien, Landschaftsgestaltung und Gestaltung von Sonderwirtschaftszonen; Rationalisierung des Verkehrs-, Ingenieur- und Kommunikationsnetzes; Festlegung des Gebiets der Wasserschutzzonen des Karatschunowskoje-Wasserreservoirs und deren Regelung.

Tabelle 2

Struktur der Versorgung der Bewohner ländlicher Taxen im Gebiet Dnipropetrowsk mit zentraler und dezentraler Trinkwasserversorgung

Ländliches Taxon	Anzahl der zentralisierten Quellen für die Trinkwasserversorgung (abs., %)	Anzahl der dezentralen Quellen der Trinkwasserversorgung (abs., %)	Gesamtzahl aller Quellen der Trinkwasserversorgung (abs., %)	Rang (nach spezifischem Gewicht der Abdeckung durch beide Arten von Wasserversorgungsquellen)
1	9 (4,8 %)	235 (43,6 %)	244 (33,6 %)	1
2	13 (6,9 %)	7 (1,3 %)	20 (2,7 %)	6
3	28 (15 %)	5 (0,9 %)	33 (4,5 %)	5
4	42 (22,5 %)	52 (9,7 %)	94 (13 %)	4
5	16 (8,5 %)	91 (16,9 %)	107 (14,7 %)	3
6	79 (42,2 %)	148 (27,5 %)	227 (31,3 %)	2
Insgesamt nach Taxa	187 (100 %)	538 (100 %)	725 (100 %)	

Zur Untersuchung der Indikatoren für die Trinkwasserqualität wurden folgende Untersuchungsmethoden angewandt: organoleptisch - Geruch, Farbe, Trübung; physikalisch-chemisch - Gesamthärte, Trockenrückstand, Chloride, Sulfate, Gesamteisen, Kupfer, Zink, Mangan, Phenole, pH-Wert; gesundheitlich-toxikologisch - Nickel, Arsen, Blei, Fluor, Aluminium, Selen, Quecksilber, Nitritstickstoff, Nitratstickstoff, Säuregehalt. Bei der Bestimmung der organoleptischen, physikalisch-chemischen und hygienisch-toxikologischen Indikatoren haben wir die einschlägigen normativen Dokumente verwendet (Tabelle 3).

Tabelle 3

LISTE DER INDIKATOREN FÜR DIE TRINKWASSERQUALITÄT UND METHODEN ZU DEREN KONTROLLE

Organoleptische Indikatoren für die Qualität des Trinkwassers	
Geruch bei 20 °C	GOST 3351, DSTU EN 1420-1
Geruch bei Erwärmung auf 60 °C	GOST 3351, DSTU EN 1420-1
Geschmack und Aroma	GOST 3351
Buntheit	GOST 3351, DSTU ISO 7887
Trübung	GOST 3351, DSTU ISO 7027
Chemische Qualitätsindikatoren, die die organoleptischen Eigenschaften Trinkwassereigenschaften	
Anorganische Bestandteile	

Wasserstoffwert (pH)	DSTU 4077
Trockenrückstand (Gesamtmineralisierung)	GOST 18164
Gesamtsteifigkeit	GOST 4151, DSTU ISO 6059
Gesamtalkalität	DSTU ISO 9963-1, DSTU ISO 9963-2
Sulfate	GOST 4389, DSTU ISO 10304-1
Chloride	GOST 4245, DSTU ISO 10304-1, DSTU ISO 9297
Eisen insgesamt (Fe)	GOST 4011, DSTU ISO 6332
Mangan (Mp)	GOST 4974, DSTU ISO 11885, DSTU ISO 15586
Kupfer (C)	GOST 4388, DSTU ISO 11885, DSTU ISO 15586
Zink (Zn)	GOST 18293, DSTU ISO 11885, DSTU ISO 15586
Kalzium (Ca)	DSTU ISO 6058, DSTU ISO 11885
Magnesium (Mg)	DSTU ISO 6059, DSTU ISO 11885
Natrium (Na)	GOST 23268.6, DSTU ISO 11885
Kalium (K)	GOST 23268.7, DSTU ISO 11885
Organische Bestandteile	
Erdölprodukte	GOST 17.1.4.01
Toxikologische Indikatoren für die Unbedenklichkeit der chemischen trinkwasser	
Anorganische Bestandteile	
Aluminium (AX)	GOST 18165, DSTU KO 11885, DSTU ISO 15586
Ammoniak (NH4+)	GOST 4192, DSTU ISO 6778, DSTU ISO 7150-1, DSTU ISO 5664
Kadmium (Cd)	DSTU ISO 11885, DSTU ISO 15586
Arsen (As)	GOST 4152, DSTU ISO 11885, DSTU ISO 15586
Nickel (Ni)	DSTU 7150, DSTU ISO 11885
Nitrate (NO3-)	GOST 18826, GOST 4192, DSTU 4078, DSTU ISO 7890-1, DSTU ISO 7890-2, DSTU ISO 10304-1
Nitrite (NO2-)	GOST 4192, DSTU ISO 6777
Quecksilber (Hg)	GOST 26927
Blei(Pb)	GOST 18293, DSTU ISO 11885, DSTU ISO 15586
Fluoride (F-)	GOST 4386, DSTU ISO 10304-1
Chrom insgesamt (Cg)	DSTU ISO 11885, DSTU ISO 15586
Zyanide (CN-)	DSTU ISO 6703-1, DSTU ISO 6703-2, DSTU ISO 6703-3
Organische Bestandteile	
Pestizide (insgesamt)	DSTU ISO 6468
Synthetische Tenside (SPAS)	DSTU ISO 7875-1
Integrale Indikatoren	
Permanganat-Oxidation	GOST 23268.12
Insgesamt Bio Kohlenstoff	DSTU EN 1484

In unserer Studie verwendeten wir eine Reihe von sanitär-hygienischen, epidemiologischen, physikalisch-chemischen und statistischen Methoden. Wir haben die durchschnittlichen jährlichen Indikatoren der Wasserqualität aus der Oberflächenwasserquelle - dem Karachunovskoye Reservoir - gemäß den Anforderungen von SanPiN Nr. 4630-88 [27] bestimmt. Die Wasserklasse der Wasserquelle für jeden der untersuchten Indikatoren wurde gemäß GOST 4008:2007 [28] bestimmt. Die folgenden Indikatoren für die Verschmutzung des Quellwassers wurden als Indikatoren ausgewählt: Organoleptik (Geruch, Geschmack und Aroma, Trübung), Gesamthärte, Trockenrückstand, Sulfate, Chloride, Permanganat-Oxidierbarkeit, pH-Wert, Bichromat-Oxidierbarkeit, gelöster Sauerstoff, gesamter organischer Kohlenstoff, Gehalt an Spurenelementen und chemischen Substanzen (Mo, As, Ni, Zn, Na+ - K+, Ca, Mg, Fe, Mn, Cu, F, Cyanide, Calciumphosphat, Ammoniumstickstoff, Nitrite und Nitrate, Kieselsäure, synthetische Tenside, Polyphosphate und Erdölprodukte) (insgesamt wurden 33 Indikatoren untersucht). Die Untersuchung der meisten Wasserqualitätsindikatoren des Karatschunowskoje-Stausees wurde in den Jahren 2008-2012 durchgeführt, die Salzzusammensetzung des Wassers (Gesamthärte, Trockenrückstand, Sulfate, Mangan) anhand der durchschnittlichen Jahreswerte für die Zeiträume: 1965-1979, 1980-1990, 1991-2001, 2002-2012. Die Messung dieser Indikatoren erfolgte mittels gaschromatographischer und atomarer Absorptionsmethoden.

Im Zeitraum 2012-2014 haben wir die Qualität von vorbehandeltem Trinkwasser untersucht, das von zwei auf die Vorbehandlung von Wasser aus dem zentralen Wasserversorgungssystem der Stadt Krivoy Rog spezialisierten Unternehmen - Mizrahin LLC und Anisimov LLC - produziert wurde. Während des dreijährigen Beobachtungszeitraums wurden 3.903 Tests zu den Qualitätsindikatoren des von Mizrahin LLC produzierten vorbehandelten Wassers und 3.177 Tests des von Anisimov LLC produzierten vorbehandelten Trinkwassers durchgeführt. Das von diesen spezialisierten Unternehmen produzierte vorbehandelte Trinkwasser wird an lokalen Abfüllstellen verwendet und versorgt die Bevölkerung der Stadt Krivoy Rog und die Landbevölkerung von 1 Taxon (Landkreis Krivoy Rog) mit Wasser.

Die durchschnittlichen jährlichen Qualitätsindikatoren des vorbehandelten Trinkwassers für die Jahre 2012-2014 wurden mit den aktuellen Normen für verpacktes Wasser aus Abfüllstellen gemäß GSanPiN 2.2.4-171-10 "Hygienische Anforderungen an Trinkwasser für den menschlichen Gebrauch" [29] verglichen. [29]. [00]Die Qualität des vorbehandelten Wassers wurde anhand organoleptischer Indikatoren untersucht: Geruch bei 20 und 60 C, Geschmack, Farbe, Trübung, Vorhandensein von Sedimenten, physikalisch-chemische Indikatoren: [3]Gesamthärte, Trockenrückstand, Gesamtalkalität, Gesamteisen, Wasserstoffindex, Sulfate, Chloride, sanitär-toxikologische Indikatoren: Kupfer, Zink, Arsen, Mangan, Blei, Cadmium, Aluminium, Fluoride, Säuregehalt, Ammonium, Nitrit, Nitrat (nach NO).

Auf der Grundlage der Daten offizieller statistischer Berichte [30] wurde eine Datenbank über den Gesundheitszustand der erwachsenen Bevölkerung in 6 ländlichen Taxa der Region Dnepropetrovsk erstellt.

Die Analyse der Morbiditätsindikatoren unter der erwachsenen Bevölkerung (nach 15 ICD-X-Klassen) wurde in 22 Verwaltungsbezirken der Region Dnipropetrowsk durchgeführt, die in 6 Arten von ländlichen Taxa aufgeteilt waren. Die Gesamtzahl der analysierten Ergebnisattribute (Gesundheitsindikatoren) ist in (Tabelle 1) aufgeführt. Die Analyse wurde nach der Methode der retrospektiven Dauerbeobachtung auf der Grundlage der gemeldeten Daten auf dem Territorium von 6 ländlichen Taxa der Region Dnipropetrowsk durchgeführt und mit den durchschnittlichen jährlichen Indikatoren für die Region Dnipropetrowsk insgesamt für den Zeitraum 2008 - 2013 verglichen. Die statistische Gruppierung der Materialien über die Morbidität der ländlichen Bevölkerung wurde gemäß der "Internationalen statistischen Klassifikation der Krankheiten" (ICD-10) [31] vorgenommen.

Die statistische Aufbereitung und Analyse der Studienergebnisse erfolgte mit Methoden der Variationsstatistik [32] unter Verwendung von Microsoft Excel-2003 [33] und STATISTICA v. 6.1® (Lizenz Nr. 74017-640-0000106-57362). Die statistischen Merkmale werden wie folgt dargestellt: Anzahl der Beobachtungen (n), arithmetisches Mittel (M), Standardfehler des Mittels (m), Median (Me), relative Indizes (abs. Zahl, %). Unter Berücksichtigung des Gesetzes der Datenverteilung (Kolmogorov-Smirnov-Test) wurden Student-, Mann-Whitney-, Chi-Quadrat- (χ2), einfaktorielle ANOVA und Kruskal-Wolis-Varianzanalyse für den Vergleich verwendet. Das kritische Niveau der statistischen Signifikanz (p) bei der Prüfung statistischer Hypothesen wurde akzeptiert ($p < 0{,}05$), ($p < 0{,}001$).

ABSCHNITT 2: HYGIENISCHE BEWERTUNG DER TRINKWASSERQUALITÄTSINDIKATOREN FÜR DIE BEVÖLKERUNG DER WESTLICHEN URBANISIERUNGSZONE (KRIVOY ROG)

[333]Auf dem Gebiet der Region Dnipropetrowsk gibt es mehr als 52,8 Mrd. m Wasserressourcen, darunter 0,826 Mrd. m lokale Abflüsse und 0,381 Mrd. m Grundwasserreserven [34]. [333]Die Hauptverschmutzer der Gewässer im Einzugsgebiet des Dnjepr sind die Industrie (die Emissionen betrugen 2007 mehr als 790,9 Mio. m (62 %)), die öffentlichen Versorgungsbetriebe (359,5 Mio. m (28 %), die Landwirtschaft (123,4 Mio. m (9,6 %) und andere Branchen (1,6 Mio. m3 (weniger als 1 %) [35].

Eine wichtige Rolle bei der Anhäufung von Schadstoffen im Karatschunowskoje-Stausee spielt der Zufluss von verschmutztem Wasser aus der Region Kirowograd in den Fluss Ingulets, da sich schwere Elemente bei einer starken Abnahme der Fließgeschwindigkeit im Stausee auf dem Grund absetzen, zusätzlich zu der Verschmutzung, die von den Unternehmen der Stadt Kriwoj Rog in den Fluss gelangt [36, 37]. Die größten Verschmutzer der Gewässer im Einzugsgebiet des Ingults oberhalb des Karachunowskoje-Stausees sind die Abwässer von Industriebetrieben in den Oblasten Kirowograd und Dnepropetrowsk (Znamjanka, Alexandria, Yellow Waters) sowie von landwirtschaftlichen Betrieben [38].

Das Eisenerzbecken von Krivoy Rog ist das größte Eisenerzvorkommen der Ukraine und das wichtigste Bergbauzentrum des Gebiets Dnepropetrovsk. In der Stadt Krivoy Rog sind 21 Milliarden Tonnen Eisenerzvorkommen konzentriert, von denen die industriellen Reserven 18 Milliarden Tonnen betragen [39]. Der Industrie- und Wirtschaftskomplex der Region Kriwoj Rog entstand auf der Grundlage der Nutzung von Bodenschätzen, was die Entwicklung der Produktion beeinflusste und zu einer hohen territorialen Konzentration von Bergbau- und Hüttenunternehmen führte [40, 41].
[3] Jährlich pumpen die im Becken tätigen Bergbauunternehmen etwa 40 Mio. m3 Grundwasser ab (Grube, Tagebau), davon 17-18 Mio. m3 hochmineralisiertes Grubenwasser [42]. [3] Die maximalen Möglichkeiten für die Nutzung des Grundwassers in den Kreisläufen der Bergbaubetriebe liegen bei 28-29 Mio. m3 pro Jahr, die restlichen 11-12 Mio. m3 jährlich werden vorübergehend akkumuliert und im Grubenwasserreservoir zurückgehalten [43].

In Ermangelung einer echten Alternative für die vollständige Nutzung oder Verwendung von überschüssigem Recyclingwasser müssen jährlich Maßnahmen zur Einleitung von überschüssigem Recyclingwasser aus den Bergbauunternehmen von Kryvbas in die Gewässer der Region ergriffen werden [44].

Eine beträchtliche Konzentration von potenziell gefährlichen Objekten auf dem Gebiet der

Region Krivoy Rog (Bergwerke, Steinbrüche, Halden, Absetzbecken, Schlackenhalden) wird, sofern die Grundwasserförderung gestoppt wird oder Lagerbehälter überlaufen, unweigerlich zu einer Quelle für die Entwicklung großflächiger von Menschen verursachter Katastrophen werden [45]. Die Infrastruktur der Stadt Krivoy Rog ist mit dem Betrieb mächtiger Bergbau- und Metallurgieunternehmen verbunden, die ein kritisches Niveau in Bezug auf Urbanisierung und negative Umweltauswirkungen erreicht haben [46].

Dynamik der Salzzusammensetzung des Wassers aus dem Karachunovskoje-Stausee, nach Niveaus der Jahresmittelwerte für (19652012) Jahre

Die Dynamik des Anstiegs der Gesamthärte im Wasser aus dem Karachunovskoje-Stausee in Abhängigkeit von den Niveaus der durchschnittlichen jährlichen Indikatoren wurde festgestellt: von (6,76±0,40) mmol/dm3 in den Jahren 1965-1979 auf (10,28±0,44) mmol/dm3 in 20022012. Gleichzeitig wurde das Wasser aus dem Stausee in den Jahren 1965-1979 gemäß GOST 4008:2007 in die Klasse 3 der Oberflächenwasserversorgungsquellen eingestuft, d.h. mit "zufriedenstellender, akzeptabler Wasserqualität" nach dem Indikator der Gesamthärte [28]. [3]Nach den Niveaus der durchschnittlichen Jahresindikatoren in den Jahren 1980-1990, 1991-2001, 2002-2012 überstieg die Gesamthärte 7,0 mmol/dm, d.h. das Wasser aus dem Karachunoskoye-Stausee kann in die 4. Klasse der Oberflächengewässer eingeordnet werden, d.h. "mittelmäßige, bedingt geeignete, unerwünschte Wasserqualität" (Abb. 1).

[3]Abbildung 1: Mittlerer Jahreswert der Gesamthärte im Wasser des Karachunovskoye-Stausees (mmol/dm).

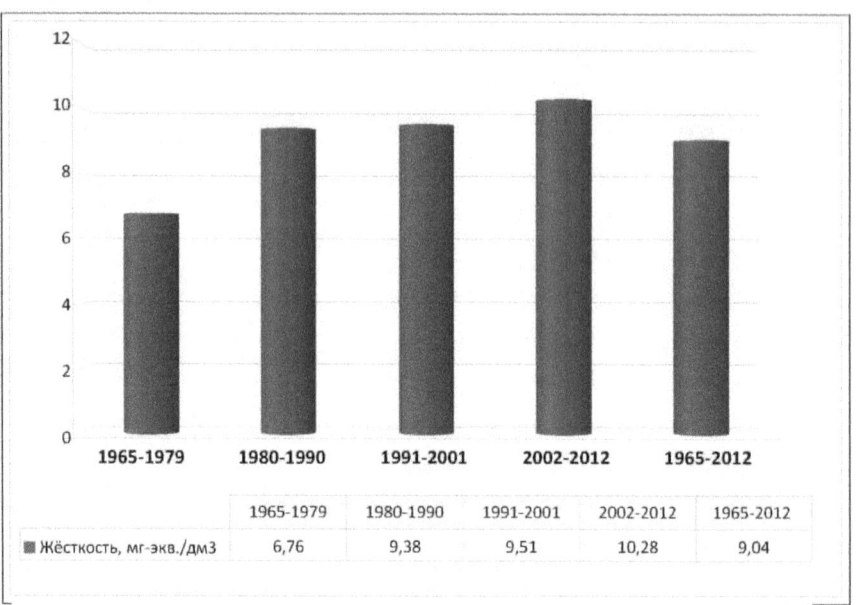

[3]Der Trockenrückstand für die Jahre 1965-1979, 1980-1990 überstieg nicht den festgelegten Hygienestandard (1000 mg/m) gemäß SanPiN Nr. 4630-88 [27], und das Wasser aus diesem Reservoir wurde gemäß GOST 4008:2007 [28] als Klasse 3 eingestuft. Von 1991 bis 2012 verschlechterte sich die Wasserqualität in Bezug auf den Gehalt an Trockenrückständen, so dass die Wasserquelle als Oberflächengewässer der Klasse 4 eingestuft wurde. Für den gleichen Beobachtungszeitraum zeigt sich die Dynamik des Anstiegs des Trockenrückstands bei Überschreitung der Hygienestandards: 1991-2001 um das 1,04-fache, 2002-2012 um das 1,23-fache. - 1,23-fach. [3] Der durchschnittliche Gehalt an Trockenrückständen für den Zeitraum von 1965 bis 2012 lag bei 1005,31±37,12 mg/dm (Abb. 2).

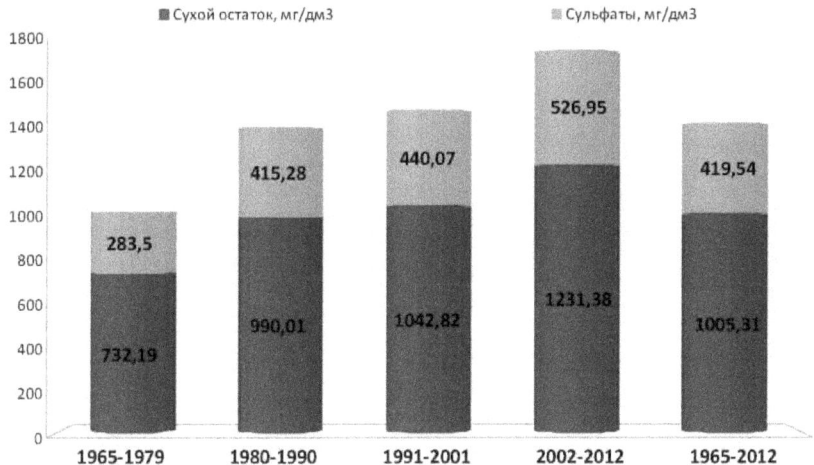

³Abbildung 2: Jahresmittelwerte von Trockenrückständen und Sulfat im Wasser des Karachunovskoye Reservoirs, gemittelt über 19652012, (mg/dm).

Die Tendenz zur Erhöhung des durchschnittlichen jährlichen Indikators für den Sulfatgehalt im Wasser aus dem Karachunovskoye Reservoir wird gezeigt. ³ ³Dabei stieg die Sulfatkonzentration schnell von 283,50±8,50 mg/dm in den Jahren 1965-1979 (Überschreitung des MAC um das 1,13-fache) auf 526,95±6,27 mg/dm in 20012012 (Überschreitung des MAC um das 2,11-fache). Was den Sulfatgehalt betrifft, so gehörte das Wasser aus diesem Stausee während des gesamten Beobachtungszeitraums (1965-2012) zur Klasse 4 der Oberflächengewässer. ³Beim Chloridgehalt wurde eine 1,34-fache Abnahme der Dynamik festgestellt: von 139,58±2,49 auf 104,33±1,80 mg/dm. ³³Im Zeitraum 2008-2012 überstieg der Chloridgehalt im Stauseewasser nicht den MAK-Wert (250 mg/dm), und die Wasserqualität entsprach der Klasse 3 (101-250 mg/dm). Der höchste Mangangehalt wurde in den Jahren 1980-1990 und 1991-2001 beobachtet und lag zwischen 2,2-2,1 MAK. ³Im Allgemeinen gehört die Wasserqualität dieses Wasserkörpers zur Klasse 3 und lag während des gesamten Beobachtungszeitraums (1965-2012) bei 0,162±0,018 mg/dm. ³Die beste Qualität des Oberflächenwasserkörpers in Bezug auf den Mangangehalt (Klasse 2) wurde in den Jahren 1965-1979 und 2001-2012 festgestellt und lag unter dem MAK-Wert (0,1 mg/dm).

Organoleptische und allgemeine sanitär-chemische Indikatoren der Wasserqualität des Karachunovskoye Stausees für 2008-2012

In Bezug auf den Geruch bei 20-60°C gehörte das Wasser 2008-2012 zur Klasse 1 (<1 Punkt), mit Ausnahme von 2009 (1 Punkt), d.h. das Wasser des Stausees gehörte zur Klasse 2. Im Allgemeinen gehörte der durchschnittliche jährliche Geruchswert des Wassers aus dem

Karachunovskoye-Stausee zur Qualitätsklasse 1 und betrug 0,77±0,05 Punkte. Der Geschmack und das Aroma des Wassers überstiegen nie die hygienischen Normen und lagen innerhalb von 0 Punkten; das Wasser aus diesem Stausee gehörte qualitativ zur Klasse 1 der Oberflächenwasserversorgungsquellen.

Der Wasserstoffindex lag während des fünfjährigen Beobachtungszeitraums innerhalb der festgelegten Norm für Oberflächenquellen der Klasse 2 (pH = 7,6-8,1), mit Ausnahme des Jahres 2010 (pH = 8,21±0,06), als die Wasserqualität des Stausees zur Klasse 3 (pH = 8,2-8,5) gehörte. Bei der Wasserfarbe wurde ein steigender Trend von 55,50±5,53 Grad im Jahr 2008 auf 67,25±6,57 Grad im Jahr 2012 festgestellt, aber das Wasser aus dem Stausee gehörte während des gesamten Beobachtungszeitraums zur Klasse 2 der Oberflächenwasserqualität (20-80 Grad).

[333]Die Dynamik des Anstiegs der Wassertrübung im Stausee wurde 1,45 Mal festgestellt - von 2,22±0,34 mg/dm (2008) auf 3,23±0,42 mg/dm (2012), jedoch war das Wasser nach dem Niveau dieses Indikators von bester Qualität, da es den Trübungswert für die erste Klasse von Wasserversorgungsquellen (<20 mg/dm) nicht überschritt. [3]Der Alkalinitätsindikator zeigte im Zeitraum 2008-2012 einen rückläufigen Trend: von 4,50±0,05 auf 4,19±0,06 mmol/dm (1,07-mal). [3]Im Allgemeinen gehört das Wasser aus dem Karachunovskoye-Stausee nach diesem Indikator während des gesamten Beobachtungszeitraums zur Qualitätsklasse 3 (4,1-6,5 mmol/dm).

[2]Der Permanganat-Säuregehalt reichte von 8,27±0,19 bis 9,58±0,27 mgO /dm3 mit dem höchsten Wert des Indikators im Jahr 2012 und einem ausgeprägten Aufwärtstrend. $_2{}^3{}_2{}^3$Im Zeitraum 2008-2012 lag der durchschnittliche jährliche Permanganat-Oxidationsindex jedoch innerhalb der Grenzen der Klasse 2 (3-10 mgO /dm) und betrug 8,65±0,11 mgO /dm . $_2{}^{33}$Im Wasser des Stausees Karachunovskoye zeigte sich eine Tendenz zum 1,38-fachen Rückgang des Bichromat-Oxidationsindex (BSB): von 21,72±0,67 mgO /dm im Jahr 2008 auf 15,75±0,79 mgO2/dm im Jahr 2012. $_2{}^{3)}$Während des gesamten Beobachtungszeitraums lag die Wasserqualität des Stausees jedoch in der Klasse 2 (21,06±0,58 mgO /dm , nicht über dem festgelegten Hygienestandard (9-30 mgC)2 dm3) (Abb. 3).

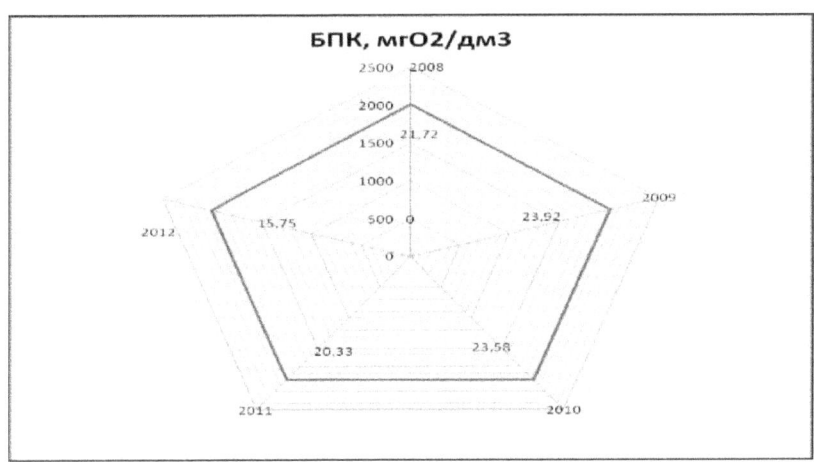

[2,3] Abbildung 3: Mittelwert der Oxidierbarkeit von Bichromat im Wasser des Karachunovskoye-Stausees im Zeitraum 2008-2012 (mgO /dm).

[2,3] Der BSB-Wert zeigte im Zeitraum 2008-2012 einen steigenden Trend mit dem höchsten Wert im Jahr 2011 - 2,81±0,35 mgO /dm . [33] Gleichzeitig überschritt der durchschnittliche jährliche BSB-Wert (2,58±0,18 mgO2/dm) nicht die für Oberflächenquellen der Klasse 2 festgelegten Schwankungsgrenzen (1,3-3,0 mgO2/dm). [3,2] Der lösliche Sauerstoff im Wasser des Stausees überschritt nicht die Grenzwerte der Klasse 1 (>8,0 mgO2/dm), aber im Laufe des fünfjährigen Beobachtungszeitraums gab es eine Tendenz zur Erhöhung seines Gehalts im Wasser - von 9,15±1,03 auf 9,57±0,97 mgO /dm3. [3] Nach dem Niveau des durchschnittlichen jährlichen Indikators für löslichen Sauerstoff gehört das Wasser zur 1. Klasse der Wasserquellenqualität (9,09±0,45 mgO2/dm) (Abb. 4).

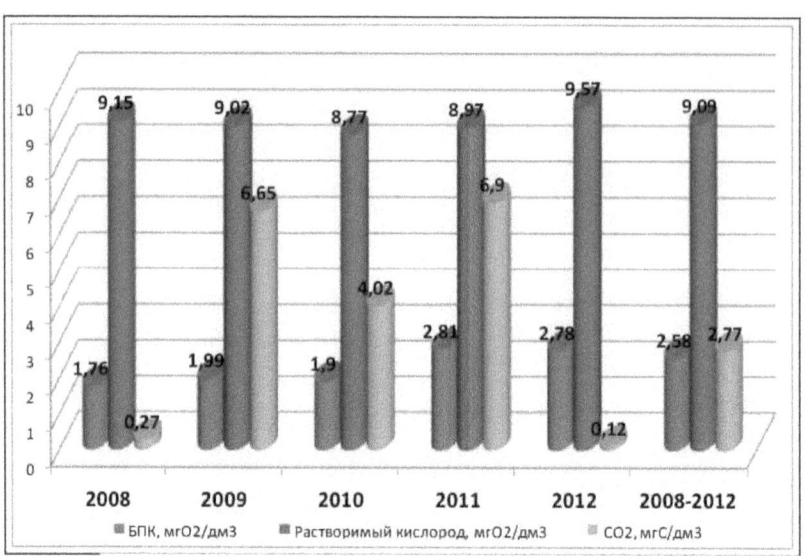

Abbildung. 4. [3]Durchschnittlicher Gehalt an BSB, löslichem Sauerstoff und CO2 im Wasser des Karachunovskoye Reservoirs im Zeitraum 2008-2012 (mgO2/dm).

[33]Der durchschnittliche Gehalt des gesamten organischen Kohlenstoffs im Wasser lag innerhalb der Klasse 1-2, aber nach dem Niveau des durchschnittlichen jährlichen Indikators (2,77±0,63 mgC/dm) wurde das Wasser aus dem Karachunovskoye Stausee in die Qualitätsklasse 1 eingestuft (<5,0 mgC/dm). [33]Der höchste Wert des gesamten organischen Kohlenstoffs wurde im Jahr 2011 (6,90±0,96 mgC/dm ; Klasse 2), der niedrigste - im Jahr 2012 (0,12±0,08 mgC/dm ; Klasse 1) gemessen.

Toxikologische Indikatoren der chemischen Zusammensetzung des Wassers aus dem Karatschunowskoje-Stausee für die Jahre 2008 - 2012

[333]Der durchschnittliche Molybdängehalt im Wasser überstieg nicht den MAK-Wert für Oberflächengewässer (0,25 mg/dm), aber die Wasserqualität nach diesem Indikator gehörte in allen Beobachtungsjahren außer 2009 zur Klasse 3 (<0,001 mg/dm), d.h. das Wasser im Stausee entsprach der Klasse 1 (<1 µg/dm). [3]In Bezug auf den Jahresmittelwert von Molybdän (0,036±0,006) mg/dm wurde das Wasser als "zufriedenstellende, akzeptable Qualität" (Klasse 3) eingestuft. [3]Der Arsengehalt des Stauseewassers lag im Zeitraum 2008-2012 nicht über dem MAK-Wert (0,05 mg/dm), was einer Wasserqualität der Klasse 2 entspricht. [3]Es wurde eine Tendenz zur Abnahme des durchschnittlichen Arsengehalts im Wasser des Oberflächenspeichers während des fünfjährigen Beobachtungszeitraums festgestellt, wobei die Werte zwischen 0,005 und 0,001 mg/dm lagen. [33]Der Cyanidgehalt im Wasser blieb konstant im Bereich von 0,02-0,05 mg/dm , wobei der

durchschnittliche jährliche Indikator bei 0,035±0,015 mg/dm lag. [33]Der Cyanidgehalt des Wassers entsprach somit der Qualitätsklasse 3 (11-50 µg/dm) und überschritt während des gesamten Beobachtungszeitraums nicht den MAK-Wert (0,1 mg/dm).

[33]Wie in (Abb. 5) dargestellt, schwankte der durchschnittliche Nickelgehalt im Wasser des Stausees ständig mit einer charakteristischen Tendenz, dieses chemische Element 15 Mal zu erhöhen: von 0,004±0,002 mg/dm im Jahr 2009 auf 0,060±0,004 mg/dm im Jahr 2012. [3]Es ist anzumerken, dass die Nickelkonzentration im Wasser nie den MAK-Wert (0,1 mg/dm) überschritten hat. [3,3]Nach dem durchschnittlichen Jahresindikator für den Nickelgehalt (0,043±0,007) mg/dm gehört das Wasser zur Qualitätsklasse 2 (20-50 µg/dm). [33]Der Bleigehalt im Wasser überschritt nicht den MAK-Wert (0,03 mg/dm), und sein Gehalt lag konstant bei <0,001 mg/dm, so dass das Wasser aus der Oberflächenwasserquelle die beste Qualität aufweist (Klasse 1).

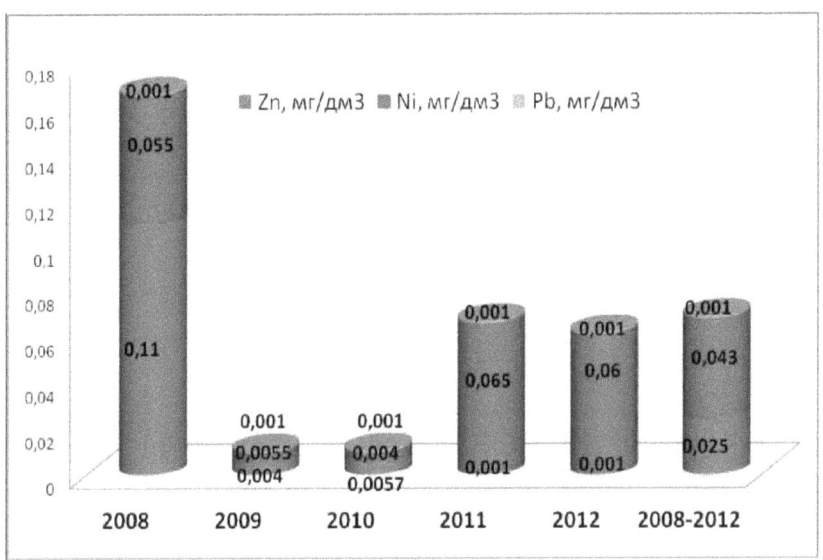

Abbildung 5. [3]Durchschnittlicher Gehalt an Schwermetallen (Zn, Ni, Pb) im Wasser aus dem Karachunovskoye-Stausee im Zeitraum 2008-2012 (mg/dm).

[3]Der durchschnittliche Zinkgehalt im Wasser überschritt nicht den MAK-Wert (1,0 mg/dm).
[3]Das Wasser aus dem Karachunovskoye-Stausee war von 2009 bis 2012 durch eine "ausgezeichnete, wünschenswerte Wasserqualität" (Klasse 1) gekennzeichnet, und 2008 wurde eine zufriedenstellende Wasserqualität (Klasse 3) mit <0,11 mg/dm festgestellt. [3]In Bezug auf den mittleren jährlichen Zinkgehalt wurde das Wasser des Stausees überwiegend durch eine "gute, akzeptable Qualität" (Klasse 2) charakterisiert, mit einer durchschnittlichen Zinkkonzentration von 0,025±0,02 mg/dm .

[3]Der durchschnittliche Kalziumphosphatgehalt überstieg den MAK-Wert (3,5 mg/dm): 26,05 Mal (2008) und 23,5 Mal (2012). [3]Der durchschnittliche jährliche Kalziumphosphatgehalt betrug

90,25±1,19 mg/dm und überstieg den MAK-Wert um das 25,78-fache. ³Der Gehalt an Magnesiumverbindungen im Stauseewasser überschritt den MAK-Wert im Zeitraum 2008-2012 konstant und reichte von 76,57±1,19 bis 58,85±2,64 mg/dm (MAK-Wert 3,82-2,94 mit einer Tendenz zur Abnahme im Jahr 2012). ³Nach dem Niveau des durchschnittlichen Jahresindikators (71,59±1,36 mg/dm) überschreiten die Magnesiumverbindungen den hygienischen Standard (3,58 MAK), so dass das Wasser aus dem Karachunovskoye Stausee nach diesem Indikator in die Qualitätsklasse 3 eingestuft wird.

³Die Dynamik des Rückgangs der Natrium-Kalium-Verbindungen im Stauseewasser wurde gezeigt: von 236,58±4,83 auf 189,33±6,05 mg/dm. Der Gehalt dieser Verbindungen im Wasser überstieg jedoch den MAK-Wert während des 5-Jahres-Zeitraums und schwankte innerhalb von 1,18-1,11 MAK, mit Ausnahme von 2011-2012. ³Die mittlere jährliche Natrium-Kalium-Konzentration im Wasser überstieg den MAK-Wert ebenfalls um das 1,07-fache und betrug 215,0±4,31 mg/dm (Abb. 6).

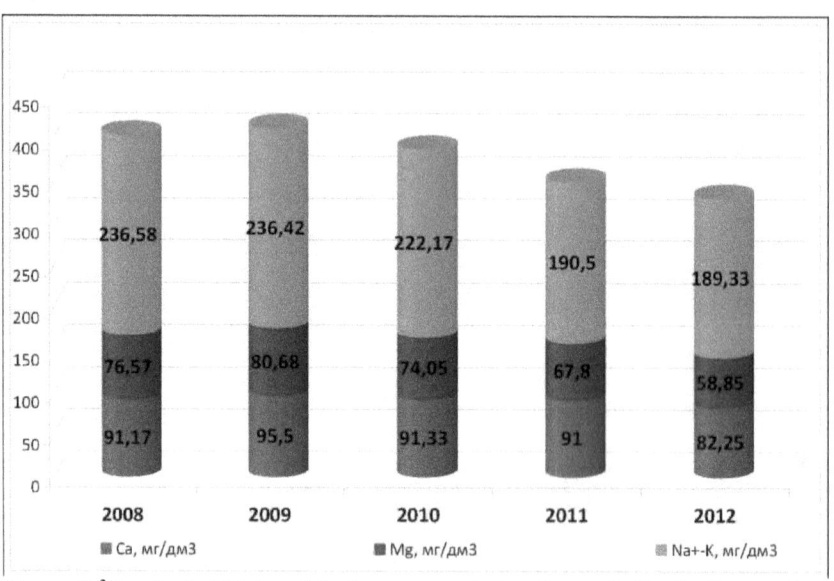

Abbildung. 6. ³Durchschnittlicher Gehalt an anorganischen Bestandteilen im Wasser des Karachunovskoye Reservoirs für 2008-2012, (mg/dm).

³³Der Ammoniumstickstoff überschritt den MAC-Wert (2 mgCdm) nicht, aber es gab eine Tendenz zur Erhöhung des Gehalts dieser Verbindung in den Jahren 2008-2012 mit dem höchsten Wert im Jahr 2010 - 0,393±0,025 мгN/DM. Gleichzeitig entsprach die Wasserqualität im Zeitraum

2010-2011 der Klasse 3, während sie in den Vorjahren der Klasse 2 entsprach. [33]Nach dem Niveau des durchschnittlichen Jahresindikators (innerhalb von 0,262±0,013 мгN/DM) entsprach der Ammoniumstickstoff der 2. Klasse der Wasserquellenqualität 0,10-0,30 мгN/DM . [3]Der Nitrit-Stickstoff überschritt während des gesamten Beobachtungszeitraums nicht den MAK-Wert (3,3 мгN/DM), und das Wasser gehörte überwiegend zur Güteklasse 3. [33]In den Jahren 2008 und 2010 entsprach das Wasser aus dem Karachunovskoye-Stausee jedoch der Klasse 4 "mittelmäßig, bedingt geeignet, unerwünschte Qualität" (>0,050 мгN/DM), wobei der höchste Wert dieses Indikators im Jahr 2010 (0,061±0,021) мгN/DM BETRUG. [3]Es sei darauf hingewiesen, dass der Nitrat-Stickstoff-Gehalt im Zeitraum 2008-2012 einen negativen Abwärtstrend aufwies, die Konzentrationen dieser Verbindungen jedoch den MAC-Wert (45 мгN/DM) nicht überschritten. [33]Das Wasser aus dem Stausee Karachunovskoye kann während des gesamten Beobachtungszeitraums als Qualitätsklasse 4 (>1,00 мгN/DM) eingestuft werden, mit einem hohen Nitratstickstoffgehalt im Jahr 2008 - 1,58±0,17 мгN/DM (Tabelle 4).

Tabelle 4: **Dynamik der Indikatoren für Nitrifikationsaktivität,** Eisen- und Kupfergehalt im Wasser des Karachunovskoye-Stausees im Zeitraum 2008-2012.

Jahre	Ammoniak-Stickstoff, мгN/DM^3	Nitrit-Stickstoff, мгN/DM^3	Nitrat-Stickstoff, мгN/DM^3	Eisen, mg/dm^3	Kupfer, mg/dm^3
		Mittlerer Wert des Indikators, M±m			
2008	0,20±0,02 Me = 0,2 (25-75) % CI 0,125-0,275	0,058±0,030 Me = 0,02 (25-75) % CI 0,02-0,043	1,58±0,17 Me = 1,5 (25-75) % KI 1,175-1,9	0,026±0,003 Me = 0,02 (25-75) % CI 0,02-0,03	0,0056±0,001 Me = 0,005 (25-75) % DI 0,0025-0,0082
2009	0,22±0,02 Me = 0,22 (25-75) %DI 0,15-0,25	0,033±0,009 Me = 0,02 (25-75) % CI 0,02-0,031	1,23±0,16 Me = 1,15 (25-75) % CI 0,835-1,65	0,024±0,009 Me = 0,02 (25-75) % CI 0,02-0,03	0,0076±0,0026 Me = 0,005 (25-75) % CI 0,0025-0,0082
2010	0,208±0,023 Me = 0,185 (25-75) % CI 0,145-0,255	0,061±0,021 Me = 0,03 (25-75) % CI 0,02-0,0565	1,204±0,199 Me = 0,975 (25-75) % CI 0,59-1,8	0,342±0,003 Me = 0,035 (25-75) % CI 0,02-0,045	0,0025±0,0005 Me = 0,002 (25-75) % CI 0,001-0,004
2011	0,393±0,025 Me = 0,365 (25-75) % CI 0,335-0,43	0,033±0,010 Me = 0,02 (25-75) % CI 0,02-0,025	1,002±0,076 Me = 0,955 (25-75) % CI 0,8-1,14	0,060±0,009 Me = 0,055 (25-75) % CI 0,04-0,065	0,0027±0,0006 Me = 0,002 (25-75) % CI 0,001-0,004
2012	0,373±0,025 Me = 0,38 (25-75) %DI 0,31-0,425	0,030±0,006 Me = 0,02 (25-75) % CI 0,02-0,03	1,09±0,13 Me = 0,94 (25-75) % CI 0,735-1,365	0,083±0,021 Me = 0,055 (25-75) % CI 0,04-0,11	0,0031±0,0006 Me = 0,0025 (25-75) % CI 0,001-0,005
		Jährliche Durchschnittswerte für den 5-Jahres-Zeitraum			
2008 - 2012	0,262±0,013 Me = 0,26 (25-75) %DI 0,18-0,32	0,043±0,008 Me = 0,02 (25-75) % CI 0,02 - 0,033	1,223±0,071 Me = 1,1 (25-75) % CI 0,81 - 1,55	0,045±0,005 Me = 0,03 (25-75) % CI 0,02 - 0,05	0,014±0,006 Me = 0,008 (25-75) % CI 0,005 - 0,0225

Anmerkungen. M - Mittelwerte, m - Fehler des Mittelwerts, Me - Median **(Me), CI - 25-75%**

Konfidenzintervall.
[33]Die Tendenz des Anstiegs des durchschnittlichen Eisengehalts im Stauseewasser in den Jahren 2008-2012 mit Überschreitung des MAC (0,3 mg/dm) um das 1,14-fache im Jahr 2010 (0,342±0,003 mg/dm) wurde festgestellt. [3]Es gab auch einen Wechsel in der Wasserklasse der Oberflächenquelle: Klasse 1 in den Jahren 2008-2010 und Klasse 2 in 20112012, wobei der Eisengehalt zwischen 0,060±0,009 und 0,083±0,021 mg/dm lag. [33]Der Kadmiumgehalt des Wassers lag in allen Beobachtungsjahren unter dem MAK-Wert (<0,001 mg/dm), wobei die Wasserquelle der Klasse 3 (0,6-5,0 μg/dm) entspricht.

[333]Im Wasser des Stausees Karachunovskoye war im Zeitraum 2008-2012 ein 1,8-facher Rückgang des Kupfergehalts zu verzeichnen: von 0,0056±0,001 auf 0,0031±0,0006 mg/dm, wobei die Verbindungen dieses chemischen Elements den MAC-Wert (1,0 mg/dm) nicht überschritten und die Wasserqualität der Klasse 2 (1-25 μg/dm) entsprach. [33]Der Fluoridgehalt des Stauseewassers überschritt nicht den MAK-Wert (0,7 mg/dm), und die Wasserqualität entsprach der Klasse 1 (<700 μg/dm). [3]Während des fünfjährigen Beobachtungszeitraums ist der Gehalt an Fluorverbindungen um das 1,18-fache gesunken: von 0,313±0,021 auf 0,266±0,164 mg/dm, mit dem höchsten Wert im Jahr 2009. [3]- 0,332±0,021 mg/dm. [33]Der Chromgehalt überschritt nicht den MAK-Wert (0,5 mg/dm) und lag durchweg unter 0,001 mg/dm. [3]Nach dem Jahresdurchschnitt der Chromverbindungen (0,030±0,006 mg/dm) gehörte das Wasser zur Klasse 1. [3]Ein ähnlicher Trend wurde bei den flüchtigen Phenolen beobachtet, die auf 20082012 unter dem MAK-Wert (<0,001 mg/dm) lagen (Güteklasse 1).

[3]Beim Gehalt an Siliziumverbindungen gab es eine ausgeprägte Tendenz zum Rückgang von 2008 bis 2012 von 6,175±1,414 auf 5,725±1,519 mg/dm. In einigen Jahren gab es eine Überschreitung des hygienischen Standards dieser chemischen Substanz: 2009 (1,14 MPC), 2010 (1,27 MPC), 2011 (1,05 MPC), mit dem höchsten Wert der Kieselsäure im Jahr 2010. [3]- 12,683±0,751 mg/dm. [3]Der Polyphosphatgehalt im Wasser lag deutlich unter dem MAK-Wert (3,5 mg/dm), mit abnehmender Tendenz im Zeitraum 2008-2012. Der höchste Polyphosphatgehalt wurde jedoch im Jahr 2008 festgestellt. [33]- 0,53±0,05 mg/dm, mit einem allmählichen Rückgang dieser Verbindungen ab Anfang 2011 - 0,14±0,03 mg/dm.

[33]Die SPAV-Werte von 2008 bis 2009 lagen bei (<0,001 mg/dm), das Wasser gehörte zur Klasse 1 (<10 μg/dm). [3]In den folgenden Beobachtungsjahren gehörte das Wasser zur Qualitätsklasse 2, da der Gehalt an SPAV um das 1,47-fache abnahm: von 0,047±0,012 im Jahr 2011 auf 0,032±0,009 mg/dm im Jahr 2012. [3]Erdölerzeugnisse überschritten nie den MAK-Wert (0,3 mg/dm). [3]Während des 5-Jahres-Beobachtungszeitraums zeigte sich eine dynamische Abnahme des Gehalts an diesen Verbindungen im 1,2-fachen des Stauseewassers: von 0,113±0,009 auf 0,094±0,007 mg/dm, mit dem

höchsten Wert im Jahr 2012. [3]Somit gehört das Wasser aus der Lagerstätte Karachunovskoye hinsichtlich des Gehalts an Ölprodukten zur Qualitätsklasse 3 (51-200 µg/dm).

Im Wasser des Stausees Karachunovskoye wurde über einen langen Beobachtungszeitraum (von 1965 bis 2012) eine ungünstige Tendenz zur Zunahme der Salzzusammensetzung, der Gesamthärte, des Trockenrückstands, der Sulfate und Chloride festgestellt.) wurde eine ungünstige Tendenz zur Zunahme der Salzzusammensetzung, der Gesamthärte, des Trockenrückstandsgehalts, der Sulfate und Chloride beobachtet, die durch die systematische Einleitung von hochmineralisiertem Grubenwasser aus den Bergbaubetrieben der Stadt Krivoy Rog in die Flüsse Ingulets und Saksagan und die anschließende Verschmutzung des Karachunovskoye-Reservoirs - der Hauptquelle der zentralisierten Haushalts- und Trinkwasserversorgung für 94 % der städtischen Bevölkerung - verursacht wird. Im Allgemeinen gehörte das Wasser aus dem Karachunovskoye-Stausee in einigen Beobachtungsjahren hinsichtlich der Salzzusammensetzung zur vierten Qualitätsklasse von Oberflächengewässern als "mittelmäßig, eingeschränkt nutzbar, unerwünschte Qualität".

Ein charakteristisches Merkmal der Urbanisierungszone von Krivoy Rog ist das Vorhandensein von prioritären Schwermetallen (Mo, Mg, Cd, Ni, Zn, Fe, Cu, Pb, Cr) in den Wasserquellen, was auf den intensiven Eisenerzabbau zurückzuführen ist. [33]So lag der durchschnittliche Eisengehalt im Jahr 2010 bei 0,342±0,003 mg/dm und überstieg den MAK-Wert (0,3 mg/dm) um das 1,14-fache. Der durchschnittliche Mangangehalt lag 2008-2010 über dem Hygienestandard (MPC 1,42, 1,3 bzw. 1,54), was auf den hohen Hintergrundgehalt dieses chemischen Elements in den Umweltobjekten der Industriestadt und die jährliche Einleitung von stark mineralisiertem Grubenwasser in die lokalen Wasserquellen zurückzuführen ist.

ABSCHNITT 3: MORBIDITÄT DER BEWOHNER LÄNDLICHER GEBIETE IN EINIGEN TAXA DER OBLAST DNEPROPETROVSK (NACH HÖHE DER DURCHSCHNITTLICHEN JÄHRLICHEN INDIKATOREN)

Merkmale der Morbiditätsrate unter der erwachsenen Bevölkerung in einzelnen Taxa der Region Dnipropetrovsk für die Jahre (2008 - 2013)

Das höchste spezifische Gewicht infektiöser und parasitärer Krankheiten wurde bei der erwachsenen Population der Taxa 1 (2,70 %) und 6 (2,60 %) festgestellt. Wie in (Abb. 7) dargestellt, wurde die niedrigste Inzidenzrate von Krankheiten der Klasse I zuverlässig bei der erwachsenen Bevölkerung von Taxon 4 beobachtet: (72,98±6,05) ‰ (p < 0,001), mit charakteristischen negativen Wachstumsraten sowohl nach Bezirken (-39,1 %) als auch nach Regionen (-75,0 %).

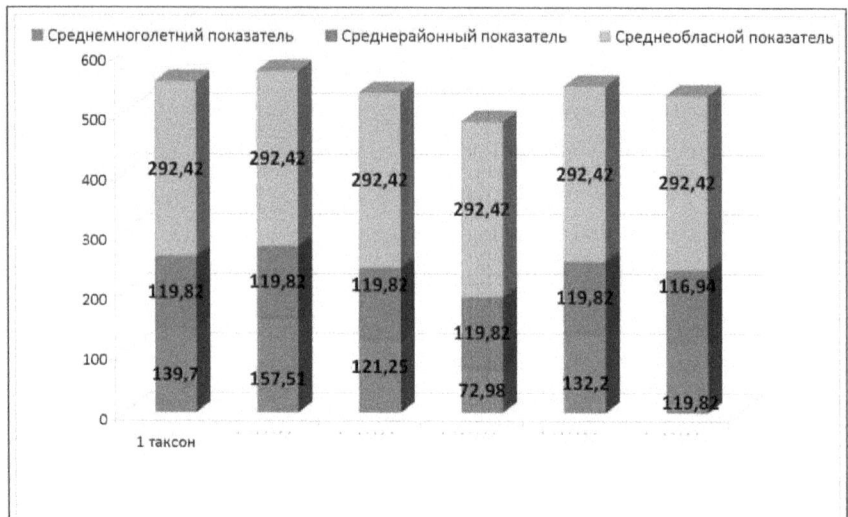

Abbildung 7: Inzidenz von Infektions- und Parasitenkrankheiten in der erwachsenen Bevölkerung, je nach Niveau der durchschnittlichen jährlichen Indikatoren, in einzelnen Taxa der Region Dnipropetrovsk im Zeitraum 2008-2013 (Fälle pro 10.000 Einwohner).

Eine hohe Intensität von Krankheiten der Klasse I wurde bei der ländlichen Bevölkerung des Taxons 2 festgestellt: (157,51±22,47) ‰ (p < 0,001), mit einer Überschreitung der durchschnittlichen regionalen Morbiditätsrate um das 1,31-fache. Die Wachstumsrate der infektiösen und parasitären Krankheiten im Taxon 2 betrug nach Bezirken +31,4 %, nach Regionen -46,1 %. Ein ähnlicher Trend wurde auch bei der Inzidenz von Anämie bei erwachsenen Einwohnern der einzelnen Taxa des Gebiets Dnipropetrowsk festgestellt (Abb. 8).

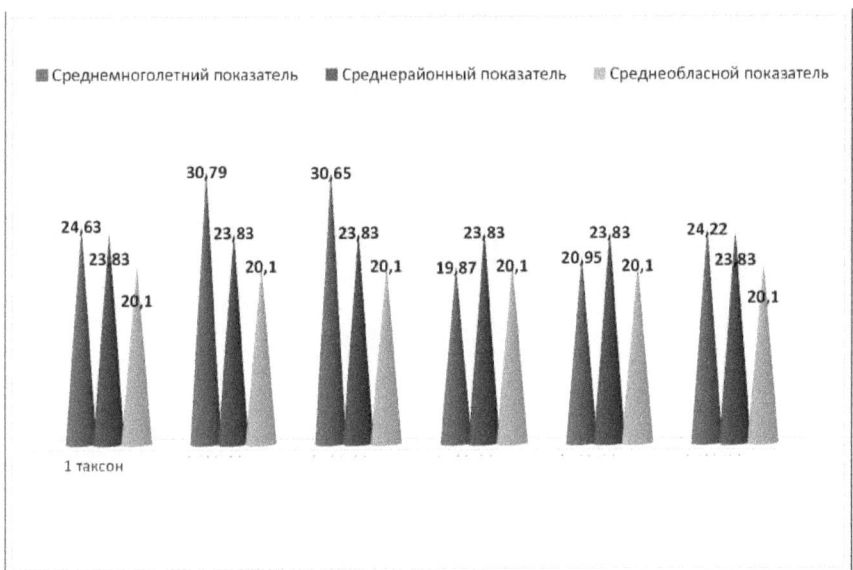

Abbildung 8. Inzidenz der Anämie in der erwachsenen Bevölkerung, entsprechend den Niveaus der langfristigen Durchschnittswerte, in einzelnen Taxa der Region Dnipropetrowsk im Zeitraum 2008-2013 (Fälle pro 10.000 Einwohner).

₀₀Die höchste Intensität der Anämie wurde bei den Landbewohnern des Taxons 2 beobachtet: (30,79±5,62) %, wobei die Zahl der Fälle von Krankheiten der Klasse III (D50-D53) 1,29-mal höher war als der Bezirksdurchschnitt und 1,53-mal höher als die durchschnittliche Inzidenzrate der Region. Im Taxon 2 wurden sowohl in den Bezirken (+29,2 %) als auch in der Region (+53,2 %) positive Wachstumsraten für diese Krankheitsklasse verzeichnet. Abbildung 9 zeigt die Wachstumsraten der Anämie-Morbidität unter den Landbewohnern der einzelnen Taxa der Oblast Dnipropetrowsk.

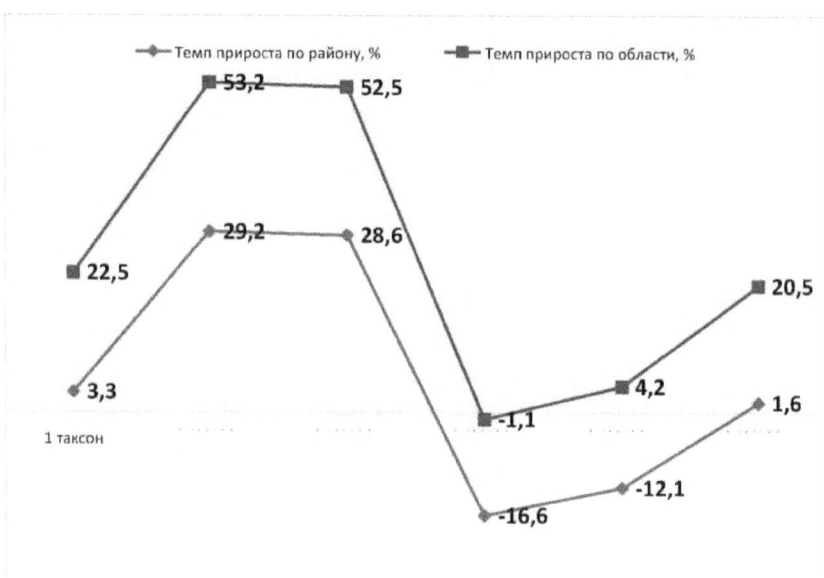

Abbildung 9: Wachstumsraten der Anämie bei Erwachsenen in ausgewählten Taxa in der Region Dnipropetrovsk im Zeitraum 2008-2013.

Entsprechend der Steigerungsrate in der Klasse III der Krankheiten (D50-D53) stieg die Zahl der Anämiefälle bei den Landbewohnern der Taxa 1 bis 3 rasch an, mit einer charakteristischen Tendenz zur Abnahme der Anämie bei der erwachsenen Bevölkerung der Taxa 4 und 5 und einer charakteristischen positiven Steigerungsrate bei den Bewohnern der Taxa 6, gemittelt über beide Bezirke und die Region.

In der Struktur aller Krankheiten schwankt das spezifische Gewicht der Cholelithiasis zwischen 0,12 % im Taxon 1 und 0,16 % im Taxon 6. Dabei wurden die höchsten Zuwachsraten der XI-Klasse von Krankheiten im Taxon 3 sowohl nach Bezirken (+24,7 %) als auch nach Oblast (+0,8 %) beobachtet. Die niedrigste Inzidenzrate von Cholelithiasis wurde zuverlässig bei erwachsenen Einwohnern des Taxons 1 festgestellt: (6,08±0,55) ‰₀₀ ($p < 0,001$), mit negativen Wachstumsraten von -21,2 bis -36,3 % nach Bezirken bzw. nach Region (Abb. 10).

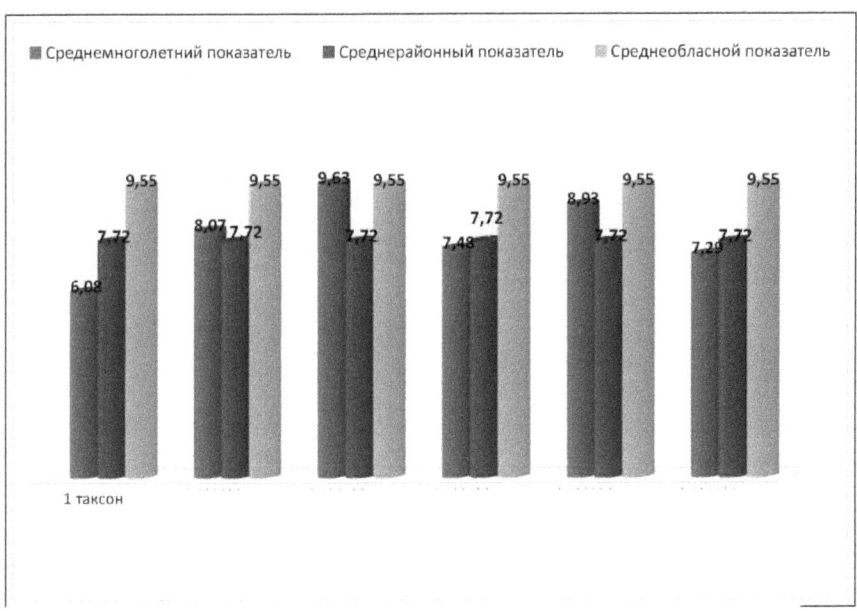

Abbildung 10. Inzidenz der erwachsenen Bevölkerung mit Cholelithiasis, entsprechend den Niveaus der langfristigen Durchschnittswerte, in einzelnen Taxa der Region Dnipropetrovsk im Zeitraum 2008-2013 (Fälle pro 10 000 Einwohner).

Die Intensität der Morbiditätsraten der XI-Klasse von Krankheiten überstieg das Niveau der durchschnittlichen jährlichen Raten unter den Landbewohnern der Taxa 2, 3 und 5 um das 1,04-, 1,25- bzw. 1,16-fache. Und nur bei den Bewohnern des Taxons 3 war der Grad der Morbidität dieser Klasse von Krankheiten signifikant höher (9,63±0,54) ‰ ($p<0,05$) im Vergleich zum durchschnittlichen regionalen Indikator (9,55±0,30) ‰ um das 1,0-fache.

Die Inzidenzrate der Salzarthropathie unter der erwachsenen Bevölkerung war in den Taxa 2, 3 und 4 höher: (1,50 - 1,61) mal; (2,95 - 3,17) mal; (1,10 - 1,18) mal als die Durchschnittswerte der Bezirke und Oblaste (Abb. 11). Von allen Taxaarten wurde die höchste positive Wachstumsrate bei Krankheiten der Klasse XIV (N25-N29) bei den Landbewohnern im Taxon 3 beobachtet: +194,9 % (nach Bezirken), +216,8 % (nach Region).

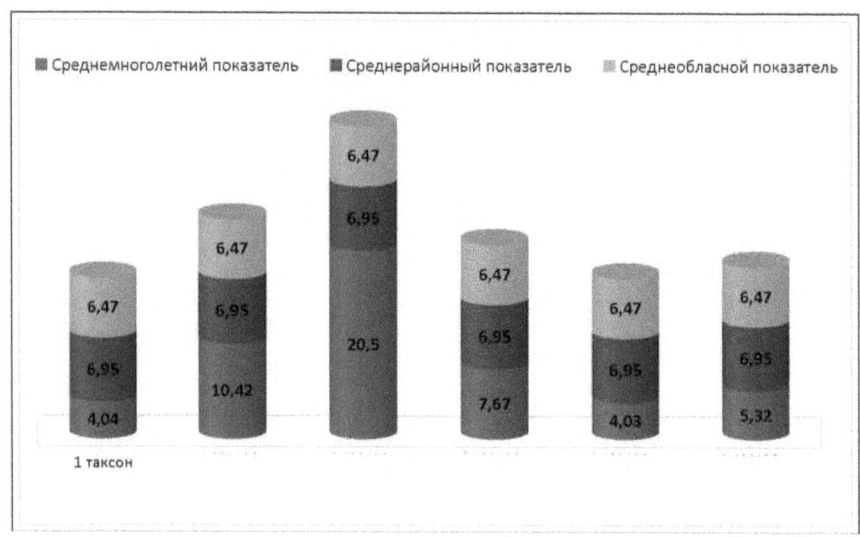

Abbildung 11. Inzidenz der Salzarthropathie in der erwachsenen Bevölkerung, entsprechend den langfristigen Durchschnittswerten, in einzelnen Taxa der Region Dnipropetrovsk im Zeitraum 2008-2013 (Fälle pro 10 000 Einwohner).

$_{00}$Ein völlig anderer Trend ist bei der Morbiditätsrate der erwachsenen Bevölkerung für Nieren- und Harnleitersteine zu beobachten, wobei die niedrigste Intensität der Klasse XIV (N17-N19) in den Taxa 3 und 4 zu verzeichnen ist: von (9,58±0,73) auf (7,03±0,51) % (p < 0,001). Die höchste Morbidität dieser Krankheitsklasse wurde bei den Landbewohnern des Taxons 2 festgestellt: (18,03±3,52)‰, wobei die durchschnittlichen regionalen und durchschnittlichen Oblast-Indikatoren um das 1,61- bis 1,11-fache überschritten wurden (Abb. 12). Gleichzeitig betrugen die Raten des positiven Wachstums von Nieren- und Harnleitersteinen: +61,4 % nach Bezirken und +10,9 nach Regionen. Das spezifische Gewicht der Krankheiten der Klasse XIV (N17 - N19) in den einzelnen Taxa der Region betrug: 0,23 % (in den Taxa 1 und 5); 0,31 % (in Taxa 2); 0,16 % (in Taxa 3 und 4); 0,26 % (in Taxa 6).

Negative Steigerungsraten bei der Inzidenz von Nieren- und Harnleitersteinen wurden in den Taxa 3 und 4 beobachtet, sowohl nach Bezirk als auch nach Region: zwischen -14,2 und -41,0 % in Taxa 3; zwischen -37,1 und -56,7 % in Taxa 4.

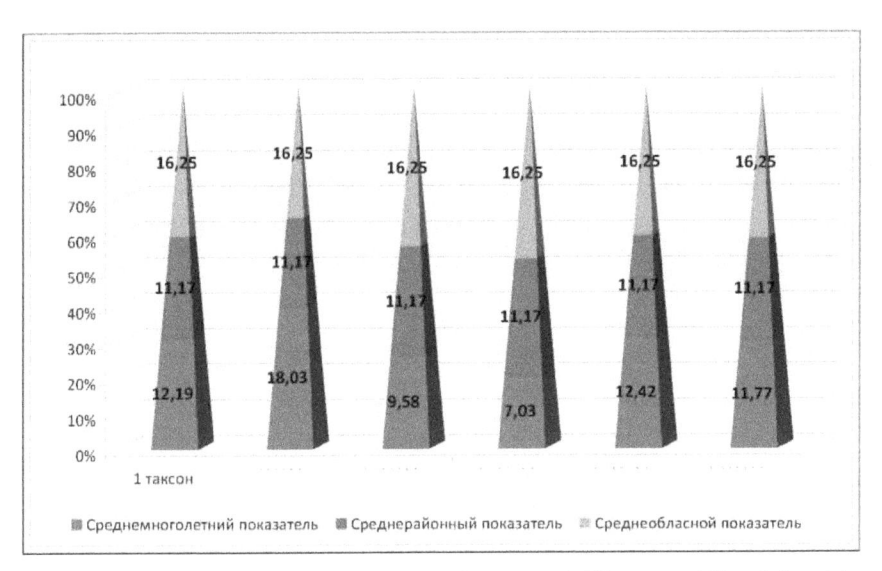

Abbildung 12. Inzidenz der erwachsenen Bevölkerung mit Nieren- und Harnleitersteinen, je nach Höhe der durchschnittlichen jährlichen Indikatoren, in verschiedenen Taxa der Region Dnipropetrowsk im Zeitraum 2008-2013 (Fälle pro 10 000 Einwohner).

Bei den Erkrankungen der Haut und des Unterhautgewebes zeigte sich bei allen Taxa ein negativer Wachstumstrend entsprechend den Niveaus der durchschnittlichen Oblast-Indikatoren, während bei den Taxa 2, 3 und 5 im Durchschnitt der Bezirke positive Wachstumsraten zu verzeichnen waren: +20,4 %, +74,4 % bzw. +13,3 % (Abb. 13).

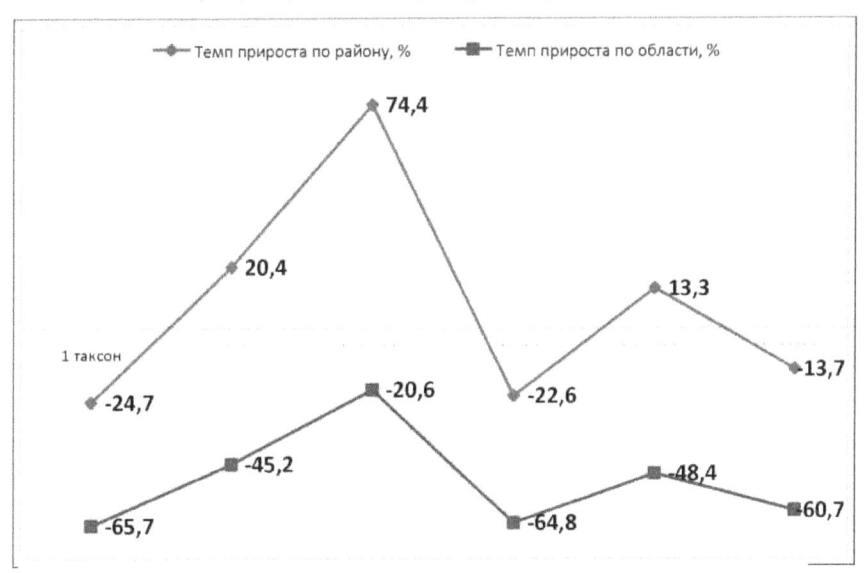

Abbildung 13: **Wachstumsraten von Erkrankungen der Haut und des Unterhautgewebes bei Erwachsenen nach Taxa in der Region Dnipropetrowsk im Zeitraum 2008-2013.**

₀₀ Das höchste Niveau der Morbidität von Krankheiten der Klasse XII wurde zuverlässig bei den Landbewohnern des Taxons 3 festgestellt: (359,50±23,55) % (p<0,05), wobei der durchschnittliche regionale Index um das 1,74-fache überschritten wurde. Gleichzeitig betrugen die Wachstumsraten in 3 Taxa: +74,4 % (nach Bezirken) und -20,6 % (nach Regionen). In der Struktur aller Krankheiten ist das höchste spezifische Gewicht in dieser Klasse von Krankheiten für Taxon 3 (5,90 %) charakteristisch, das niedrigste für Taxon 1 (3,00 %). ₀₀₀₀ Eine ähnliche Tendenz wurde auch bei den Intensivindizes festgestellt: die größte Anzahl von Fällen der Klasse XII wurde zuverlässig bei den erwachsenen Einwohnern von Taxon 3 beobachtet: (359,50±23,55) % (p<0,05), die niedrigste - in Taxon 1: (155,30±26,71) % (p<0,001).

Abb. 14 zeigt die medizinischen, demographischen und wirtschaftlichen Verluste, die mit den negativen Auswirkungen der Umweltfaktoren verbunden sind. Das spezifische Gewicht des Wasserfaktors erreicht 7 % bei der Bildung von wirtschaftlichen Verlusten: mehr als 450 Milliarden Griwna pro Jahr durch die Morbidität von Erwachsenen; 18 % verursacht der negative Einfluss des Wasserfaktors auf die Morbidität von mehr als 6 Millionen Fällen von Krankheiten verschiedener Klassen (Kreislauf-, Atemwegs-, Verdauungs-, Blut- und Immunsystem, Infektionskrankheiten usw.); 12 % in Verbindung mit dem Wasserfaktor verursacht 144 Tausend Todesfälle (aufgrund von Krankheiten des Kreislaufsystems, der Atemwege, Neoplasmen usw.) [47 - 49]. [47 - 49].

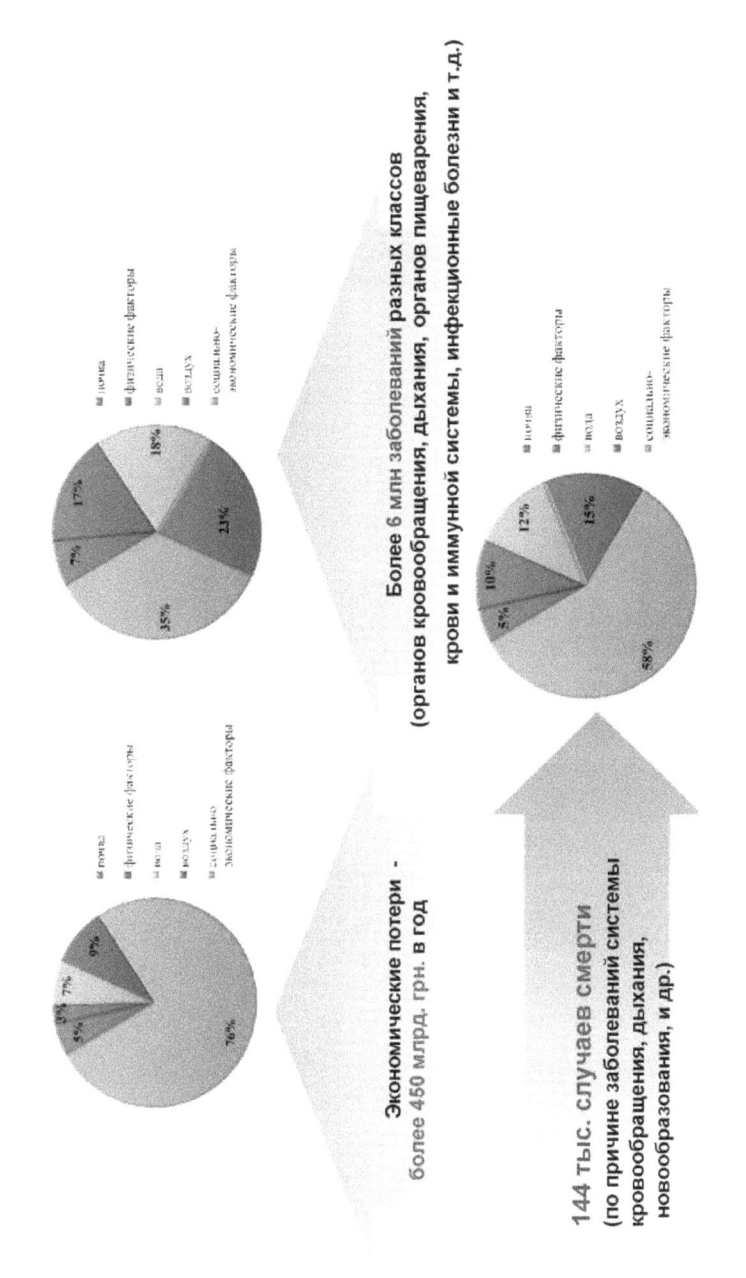

Abbildung 14: Medizinisch-demografische und wirtschaftliche Verluste im Zusammenhang mit den negativen Auswirkungen von Umweltfaktoren.

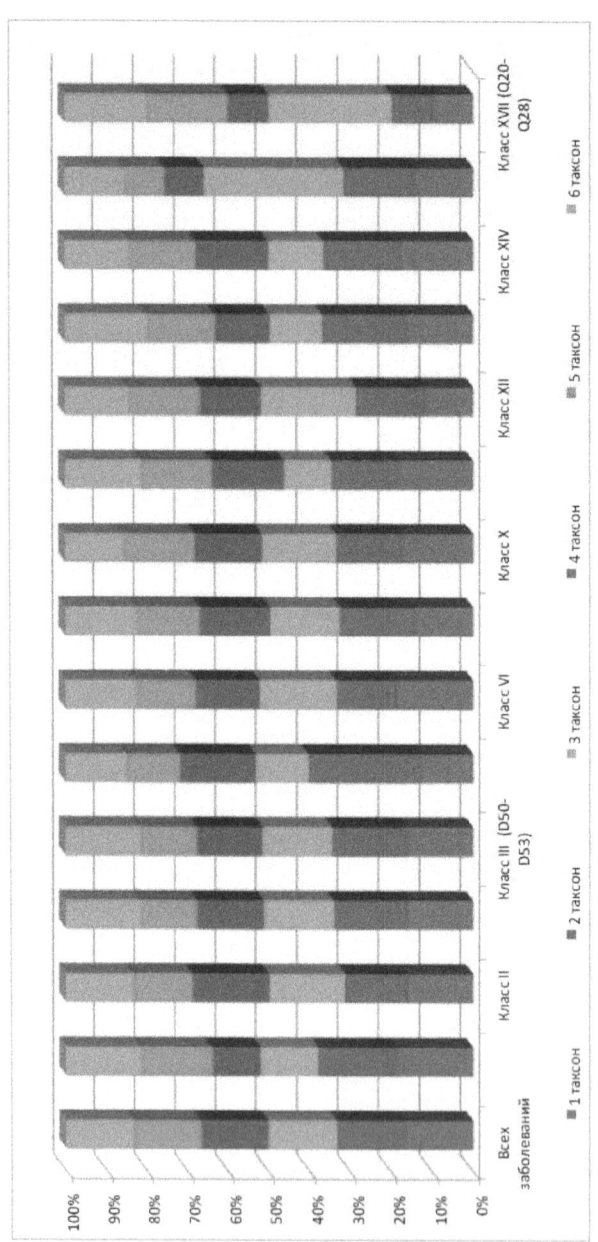

Abbildung 15. Struktur der Morbidität bei Erwachsenen nach Taxa in der Region Dnepropetrovsk in den Jahren 2008-2013 (I, II, III, IV, VI, IX, IX, X, XI, XII, XIII, XIV, XVII) Klassen der ICD - X.

ABSCHNITT 4: VERGLEICHENDE CHARAKTERISTIK DER QUALITÄTSINDIKATOREN VON VORBEHANDELTEM WASSER VERSCHIEDENER HERSTELLER AUS DER URBANISIERUNGSZONE VON KRIVOY ROG UND TRINKWASSER AUS DER LEITUNG IN EINEM LÄNDLICHEN TAXON (BEZIRK KRIVOY ROG)

Nach der Analyse der Qualität des von der ländlichen Bevölkerung des Bezirks Krivoy Rog (1 Taxon) konsumierten Leitungswassers und des vorbehandelten Wassers verschiedener Hersteller (Mizrakhin Ltd. und Anisimov Ltd.), Wir haben die Effizienz der Vorbehandlung in Bezug auf Gesamthärte, Trockenrückstand, Chlorid, Sulfat, Eisen, pH-Wert, Cu, Zn, Mn, F, Al, Ammoniumstickstoff, Nitrit und Nitrat in den Jahren 2012 bis 2014 bestimmt. Die Ergebnisse unserer Studie zeigen, dass die Vorbehandlung des Trinkwassers die Gesamthärte während des gesamten Beobachtungszeitraums verringert hat (Tabelle 5).

[3]*Tabelle 5:* **Vergleichende Charakteristik der Qualitätsindikatoren des Leitungswassers in einem ländlichen Taxon (Bezirk Krivoy Rog) und des vorbehandelten Trinkwassers verschiedener Hersteller in Bezug auf die Gesamthärte, (mmol/dm)**

Jahre	Vorbehandeltes Trinkwasser Mizrahin LLC	Vorbehandeltes Trinkwasser OOO Anisimov	Leitungswasser in 1 Taxon	Effizienz der Trinkwasservorbehandlung durch Mizrakhin LLC	Effizienz der zusätzlichen Aufbereitung von Trinkwasser bei LLC Anisimov
2012	2,31±0,11	3,17±0,31	1001,88±72,28	433,5	315,7
2013	2,23±0,02	2,38±0,27	5,72±0,70	2,56	2,40
2014	3,84±0,13	2,79±0,46	5,34±0,85	1,39	1,91
p			$p = 0{,}1991$		

[12]Anmerkung. p - Signifikanzniveau der Effizienz der Vorbehandlung von Trinkwasser aus dem Wasserhahn verschiedener Firmen - Hersteller nach dem Pearson-Kriterium χ - Pearson.

So lag die Effizienz der Wasservorbehandlung für diesen Indikator zwischen (433,5 und 315,7) MAC im Jahr 2012, zwischen (2,56 und 2,40) MAC im Jahr 2013 und zwischen (1,39 und 1,91) MAC im Jahr 2014, abhängig von der Herstellerfirma (p = 0,199). Wie in (Tabelle 6) dargestellt, hatte die Wasservorbehandlung einen signifikanten Einfluss auf die Trinkwasserqualität, da der Gehalt an Trockenrückständen zwischen 2012 und 2014 um das 1,0- bis 4,49-fache (vorbehandeltes Wasser von Mizrahin LLC) und um das 1,19- bis 3,89-fache (vorbehandeltes Wasser von Anisimov LLC) abnahm. [3]Im vorbehandelten Wasser des ersten Herstellers sank der Gehalt an Trockenrückständen im gleichen Beobachtungszeitraum um das 1,2-fache: von (212,41±2,86) auf (168,70±2,01) mg/dm. [3]Im vorbehandelten Wasser des zweiten Herstellers stieg dieser Indikator um das 1,08-fache: von (180,12±11,99) auf (194,70±10,07) mg/dm .

[3]*Tabelle 6:* **Vergleichende Charakteristik der Qualitätsindikatoren des Trinkwassers aus der Leitung in einem ländlichen Taxon (Bezirk Krivoy Rog) und des von verschiedenen Firmen vorbehandelten Trinkwassers - Hersteller auf Trockenrückstand, (mg/dm)**

Jahre	Vorbehandeltes Trinkwasser Mizrahin LLC	Vorbehandeltes Trinkwasser OOO Anisimov	Leitungswasser in 1 Taxon	Effizienz der Trinkwasservorbehandlung durch Mizrahin LLC	Effizienz der zusätzlichen Trinkwasseraufbereitung von Anisimov LLC
2012	212,41±2,86	180,12±11,99	213,94±36,06	1,0	1,19
2013	214,50±2,23	210,70±3,27	619,71±99,95	2,89	2,94
2014	168,70±2,01	194,70±10,07	757,33±8,74	4,49	3,89
p			$p = 0{,}1991$		

[12]Anmerkung. p - Signifikanzniveau der Effizienz der Vorbehandlung von Trinkwasser aus dem Wasserhahn verschiedener Firmen - Hersteller nach dem Pearson-Kriterium χ - Pearson.

Wie zu sehen ist (Tab. 7), war die Effizienz der Vorbehandlung von Trinkwasser der Herstellerfirma "Mizrahin" LLC signifikant ($p < 0{,}05$) höher für den Chloridgehalt: (26,4 MPC) im Jahr 2012, (10,5 MPC) im Jahr 2013, (2,85 MPC) im Jahr 2014, verglichen mit dem vorbehandelten Wasser des Herstellers "Anisimov" LLC: (9,74 MPC) im Jahr 2012, (5,53 MPC) im Jahr 2013, (6,21 MPC) im Jahr 2014.

Tabelle 7
[3]**Vergleich der Qualitätsindikatoren des Leitungswassers in einem ländlichen Taxon (Bezirk Krivoy Rog) und des vorbehandelten Trinkwassers verschiedener Hersteller nach Chloridgehalt (mg/dm)**

Jahre	Vorbehandeltes Trinkwasser Mizrahin LLC	Vorbehandeltes Trinkwasser OOO Anisimov	Leitungswasser in 1 Taxon	Effizienz der Trinkwasservorbehandlung durch Mizrahin LLC	Effizienz der zusätzlichen Trinkwasseraufbereitung von LLC Anisimov
2012	8,87±0,26	25,00±5,96	243,45±49,18	26,4	9,74
2013	8,49±0,18	16,20±3,30	89,59±16,25	10,5	5,53
2014	40,80±0,03	18,70±0,25	116,20±24,26	2,85	6,21
p			$p = 0{,}1991; p < 0{,}05^2$		

Anmerkung. [22]1p - Signifikanzniveau der Effizienz der Vorbehandlung **von Leitungswasser verschiedener Firmen - Hersteller durch das χ - Pearson Kriterium; - durch einfaktorielle ANOVA Varianzanalyse ($p < 0{,}05$).**

Beim Sulfatgehalt schwankte die Vorbehandlungseffizienz zwischen (3,04 - 2,03) MAK und (1,24 bis 2,81) MAK für die Jahre 2012 - 2014, wobei die höchste Reduzierung dieses Indikators im Jahr 2013 zu verzeichnen war (Tabelle 8). [3]So verringerte sich der Sulfatgehalt nach der Wasservorbehandlung durch beide Herstellerfirmen um den Faktor (9,9 bis 10,5), wobei der höchste Gehalt dieses Indikators im Leitungswasser von 1 Dorftaxon im Jahr 2013 festgestellt wurde:

(223,76±41,64) mg/dm . Gleichzeitig schwankte der Sulfatgehalt im Trinkwasser nach dessen zusätzlicher Aufbereitung durch verschiedene Hersteller und überschritt nie den MPC. [33]Im Jahr 2012 wurde im vorbehandelten Wasser von Mizrahin Ltd. eine Sulfatkonzentration von (21,92±1,32) mg/dm festgestellt, während sie 2014 bei (51,48±0,26) mg/dm lag. [3]Ein ähnlicher Trend wurde im vorbehandelten Wasser von "Anisimov" LLC festgestellt, mit dem höchsten Wert dieses Indikators im Jahr 2012: 53,68±12,54 mg/dm .

Tabelle 8

[3]**Vergleich der Qualitätsindikatoren des Leitungswassers in einem ländlichen Taxon (Bezirk Krivoy Rog) und des vorbehandelten Trinkwassers verschiedener Hersteller in Bezug auf den Sulfatgehalt (mg/dm)**

Jahre	Vorbehandeltes Trinkwasser Mizrahin LLC	Vorbehandeltes Trinkwasser OOO Anisimov	Leitungswasser in 1 Taxon	Effizienz der Trinkwasservorbehandlung durch Mizrahin LLC	Effizienz der zusätzlichen Trinkwasseraufbereitung von Anisimov LLC
2012	21,92±1,32	53,68±12,54	66,65±2,22	3,04	1,24
2013	22,48±0,33	21,38±1,23	223,76±41,64	9,95	10,46
2014	51,48±0,26	37,18±1,37	104,37±3,50	2,03	2,81
p	$p = 0{,}1991$				

Anmerkung. $_1$p - Signifikanzniveau der Nachbehandlungseffizienz
[2]Trinkwasser aus der Leitung verschiedener Hersteller nach dem Pearson-Kriterium χ.

Im Leitungswasser von 1 Taxon war der Sulfatgehalt in allen Beobachtungsjahren am höchsten, verglichen mit der Qualität des vorbehandelten Trinkwassers. Im vorbehandelten Wasser von 1 Hersteller (LLC "Mizrahin") war der Sulfatgehalt 2012 3,04 Mal niedriger als im Leitungswasser; 2013 war er 10 Mal niedriger; 2014 war er 2,02 Mal niedriger als im Leitungswasser von 1 Taxon (p = 0,199). Im vorbehandelten Wasser von 2 Herstellern (LLC "Anisimov") war der Sulfatgehalt 1,2 Mal niedriger als im Leitungswasser; 2013 - 10,5 Mal niedriger; 2014 - 3,0 Mal niedriger. Am effektivsten war die zusätzliche Behandlung des Leitungswassers von 1 Taxon in Bezug auf den Eisengehalt im Jahr 2012 (Tabelle 9).

Tabelle 9
[3]Vergleich der Qualitätsindikatoren des Leitungswassers in einem ländlichen Taxon (Bezirk Krivoy Rog) und des vorbehandelten Trinkwassers verschiedener Hersteller nach Eisengehalt (mg/dm)

Jahre	Vorbehandeltes Trinkwasser Mizrahin LLC	Vorbehandeltes Trinkwasser OOO Anisimov	Leitungswasser in 1 Taxon	Effizienz der Trinkwasservorbehandlung durch Mizrahin LLC	Effizienz der zusätzlichen Trinkwasseraufbereitung von Anisimov LLC
2012	<0,2	<0,2	0,027±0,011	7,4	7,4
2013	<0,1	<0,2	<0,05	2	4
2014	<0,1	<0,1	0,06±0,01	1,6	1,6
p			$p = 1_{,0001}$		

Anmerkung. ^{2}1p - Signifikanzniveau der Effizienz der **Trinkwasservorbehandlung von verschiedenen Firmen - Herstellern nach dem Pearson-Kriterium χ - Pearson.**
Die Effizienz der Trinkwasservorbehandlung nach diesem Indikator stieg 2012 um das 7,4-fache, 2013 um das 2,0-fache und 2014 um das 1,6-fache. [33]Gleichzeitig lag der höchste Eisengehalt im Leitungswasser im Jahr 2014 bei 0,06±0,01 mg/dm, während er im vorbehandelten Wasser deutlich unter 0,1 mg/dm lag.

Im Jahr 2012 war der pH-Wert in den Proben des vorbehandelten Wassers beider Hersteller (1,08 - 1,02) Mal niedriger als der des Leitungswassers: 7,70±0,06, während die Effizienz der Vorbehandlung um (1,09 - 1,02) Mal stieg. In den Jahren 2013 - 2014 schwankte der pH-Wert im vorbehandelten Wasser des Herstellers "Mizrahin" LLC innerhalb von (1,07 - 1,05), während der pH-Wert im vorbehandelten Wasser des zweiten Herstellers - "Anisimov" LLC - um das (1,05 - 1,04)-fache sank. Wie in (Tabelle 10) zu sehen ist, wurde der höchste pH-Wert im Leitungswasser im Jahr 2012 mit 7,70±0,06 gemessen, während der niedrigste Wert im Jahr 2014 mit 7,24±0,05 gemessen wurde (p = 0,223).

Tabelle 10
Vergleich der Qualitätsindikatoren des Leitungswassers in einem ländlichen Taxon (Bezirk Krivoy Rog) und des vorbehandelten Trinkwassers verschiedener Hersteller nach pH-Wert

Jahre	Vorbehandeltes Trinkwasser Mizrahin LLC	Vorbehandeltes Trinkwasser OOO Anisimov	Leitungswasser in 1 Taxon	Effizienz der Trinkwasservorbehandlung durch Mizrahin LLC	Effizienz der zusätzlichen Trinkwasseraufbereitung von Anisimov LLC
2012	7,09±0,02	7,52±0,14	7,70±0,06	1,09	1,02
2013	7,12±0,16	7,05±0,17	7,66±0,04	1,07	1,09
2014	7,59±0,07	7,52±0,12	7,24±0,05	1,05	1,04
p			$p = 0_{,2231}$		

Anmerkung. ^{2}1p - Signifikanzniveau der Effizienz der **Trinkwasservorbehandlung von**

verschiedenen Firmen - Herstellern nach dem Pearson-Kriterium χ - Pearson.
Die Ergebnisse unserer Studie zeigen eine Verbesserung der Qualität des vorbehandelten Trinkwassers in Bezug auf den TM-Gehalt (Cu, Zn, Mn), wie in den Tabellen 11 bis 13 dargestellt. So sank nach der Vorbehandlung des Trinkwassers durch den Hersteller "Mizrahin" Ltd. in den Jahren 2012 - 2014 der Gehalt an Kupfer von (3,65 auf 4,4) Mal, Zink sank von (15,3 auf 1,5) Mal, Mangan schwankte zwischen (12,5 - 13) Mal. Die Effizienz der Wasservorbehandlung des zweiten Herstellers - LLC "Anisimov" auf den Inhalt dieser TMs stieg ebenfalls: Cu - um (1,38 - 1,68) Mal, Zn - um (7,14 - 2,2) Mal, Mn - um (1,85 - 2,08) Mal.

Tabelle 11
[3]Vergleich der Qualitätsindikatoren des Leitungswassers in einem ländlichen Taxon (Bezirk Krivoy Rog) und des vorbehandelten Trinkwassers verschiedener Hersteller nach dem Kupfergehalt (mg/dm)

Jahre	Vorbehandeltes Trinkwasser Mizrahin LLC	Vorbehandeltes Trinkwasser OOO Anisimov	Leitungswasser in 1 Taxon	Effizienz der Trinkwasservorbehandlung durch Mizrahin LLC	Effizienz der zusätzlichen Aufbereitung von Trinkwasser bei LLC
2012	0,11±0,03	0,040±0,012	0,029±0,016	3,65	1,38
2013	0,0994±0,0006	0,085±0,009	0,016±0,008	6,19	5,31
2014	0,0053±0,0046	0,037±0,001	0,022±0,002	4,4	1,68
p	p = 0,1991				

Anmerkung. [1]p - Signifikanzniveau der Nachbehandlungseffizienz
[2]Trinkwasser aus der Leitung verschiedener Hersteller nach dem Pearson-Kriterium χ.

Tabelle 12
[3]Vergleich der Qualitätsindikatoren des Leitungswassers in einem ländlichen Taxon (Bezirk Krivoy Rog) und des vorbehandelten Trinkwassers verschiedener Hersteller nach Zinkgehalt (mg/dm)

Jahre	Vorbehandeltes Trinkwasser Mizrahin LLC	Vorbehandeltes Trinkwasser OOO Anisimov	Leitungswasser in 1 Taxon	Effizienz der Trinkwasservorbehandlung durch Mizrahin LLC	Effizienz der zusätzlichen Aufbereitung von Trinkwasser bei LLC Anisimov
2012	0,15±0,01	0,0014±0,0088	<0,01	15,3	7,14
2013	0,0278±0,0069	0,046±0,012	0,024±0,003	1,16	1,92
2014	0,015±0,001	0,0045±0,0007	<0,01	1,5	2,2
p	p = 0,1991				

[1]Anmerkung: p - Signifikanzniveau der Nachbehandlungseffizienz
[2]Trinkwasser aus der Leitung verschiedener Hersteller nach dem Pearson-Kriterium χ.

Tabelle 13
[3]Vergleich der Qualitätsindikatoren des Leitungswassers in einem ländlichen Taxon (Bezirk Krivoy Rog) und des vorbehandelten Trinkwassers verschiedener Hersteller nach

Mangangehalt (mg/dm)

Jahre	Vorbehandeltes Trinkwasser Mizrahin LLC	Vorbehandeltes Trinkwasser OOO Anisimov	Leitungswasser in 1 Taxon	Effizienz der Trinkwasservorbehandlung durch Mizrahin LLC	Effizienz der zusätzlichen Trinkwasseraufbereitung von Anisimov LLC
2012	<0,05	0,027±0,010	<0,05	0	1,85
2013	0,004±0,003	0,054±0,027	<0,05	12,5	1,08
2014	0,0043±0,0005	0,025±0,005	0,052±0,002	13	2,08
p			$p = 0{,}1991$		

Anmerkung. $_1p$ - Signifikanzniveau der Nachbehandlungseffizienz
^{2}Trinkwasser aus der Leitung verschiedener Hersteller nach dem Pearson-Kriterium χ.

Besonders erwähnenswert ist die Tatsache, dass der TM-Gehalt (Cu, Zn, Mn) im vorbehandelten Trinkwasser beider Herstellerfirmen deutlich niedriger war als im Leitungswasser von 1 Taxon (Abb. 16, 17, 18).

Im Jahr 2014 war der Mangangehalt im vorbehandelten Wasser um das 12- bis 2,08-fache niedriger als im Leitungswasser, während die Effizienz der Vorbehandlung um das 13- bis 2,08-fache stieg. Ein ähnlicher Trend wurde 2014 für den Kupfergehalt festgestellt. Dieser TM war im vorbehandelten Wasser des Herstellers LLC "Mizrahin" 4,1 Mal niedriger als im Leitungswasser.

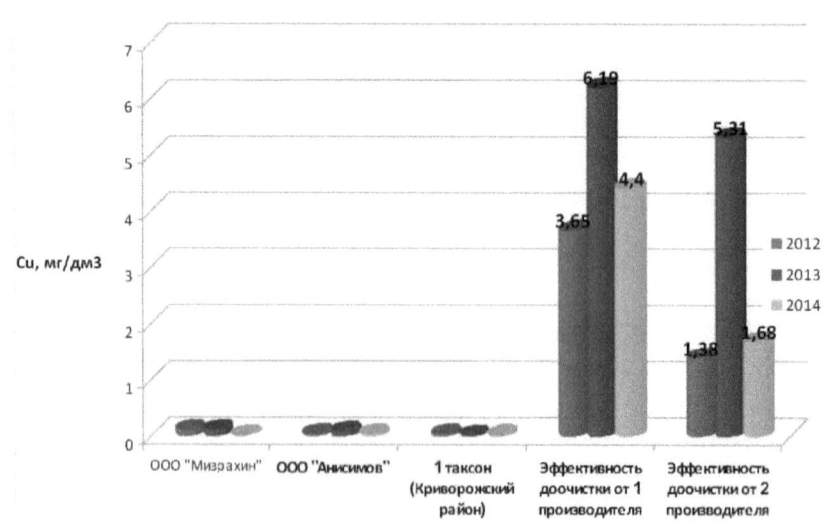

Abbildung 16. Vergleichende Charakterisierung der Leitungswasserqualität im Bezirk Krivoy Rog und des vorbehandelten Trinkwassers verschiedener Hersteller nach dem Kupfergehalt.

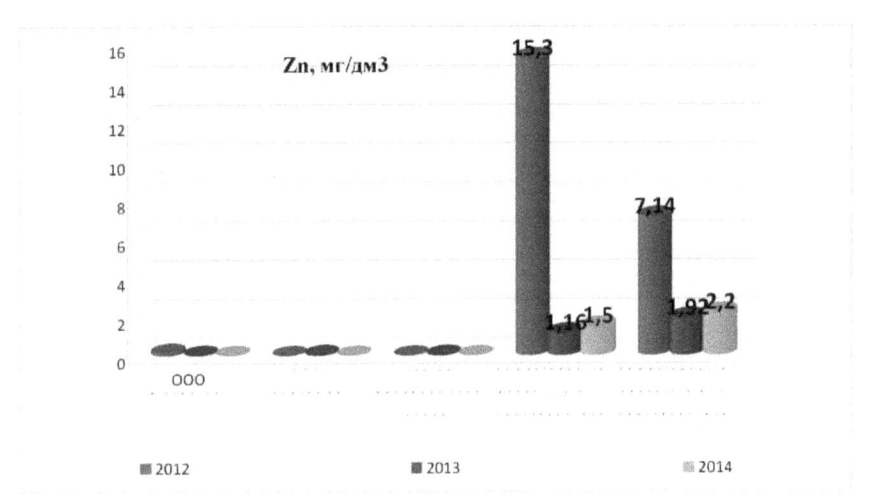

Abbildung 17. Vergleichende Charakterisierung der Qualität des Leitungswassers im Bezirk Krivoy Rog und des vorbehandelten Trinkwassers verschiedener Hersteller in Bezug auf den Zinkgehalt.

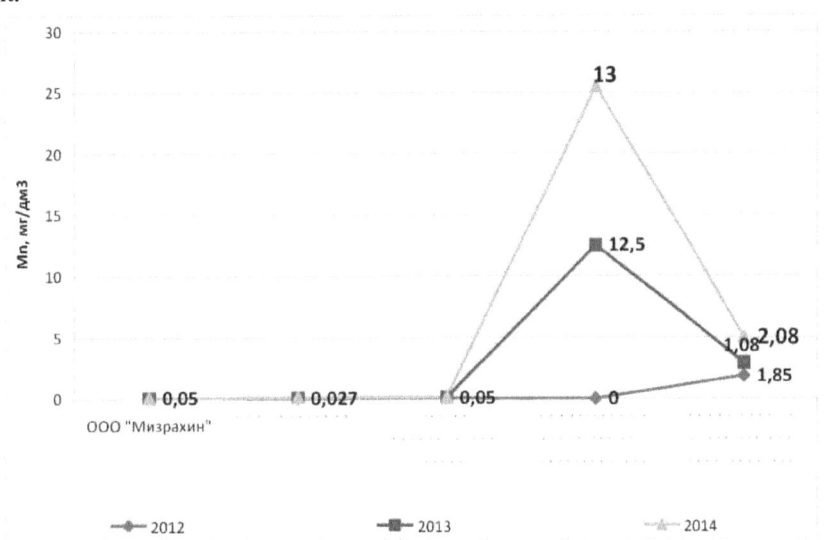

Abbildung 18. Vergleichende Charakterisierung der Qualität des Leitungswassers im Bezirk Krivoy Rog und des vorbehandelten Trinkwassers verschiedener Hersteller in Bezug auf den Mangangehalt.

In Bezug auf Fluorid stieg die Effizienz der Vorbehandlung um das 1,33- bis 8,62-fache bei Trinkwasser von einem Hersteller (Mizrakhin LLC) und um das 1,22- bis 8,62-fache bei Wasser von zwei Herstellern (Anisimov LLC) (Tabelle 14).

Tabelle 14
²Vergleichende Charakterisierung der Qualitätsindikatoren von Leitungswasser in einem ländlichen Taxon und von vorbehandeltem Wasser verschiedener **Hersteller in Bezug auf den Fluoridgehalt (mg/dm)**

Jahre	Vorbehandeltes Trinkwasser Mizrahin LLC	Vorbehandeltes Trinkwasser OOO Anisimov	Leitungswasser in 1 Taxon	Effizienz der Trinkwasservorbehandlung durch Mizrahin LLC	Effizienz der zusätzlichen Trinkwasseraufbereitung von Anisimov LLC
2012	0,13±0,06	<0,08	0,098±0,018	1,33	1,22
2013	<0,08	<0,08	0,20±0,13	2,5	2,5
2014	<0,08	<0,08	0,69±0,01	8,62	8,62
p			$p = 0{,}1991$		

¹Anmerkung: p - Signifikanzniveau der Nachbehandlungseffizienz
²Trinkwasser aus der Leitung verschiedener Hersteller nach dem Pearson-Kriterium χ.

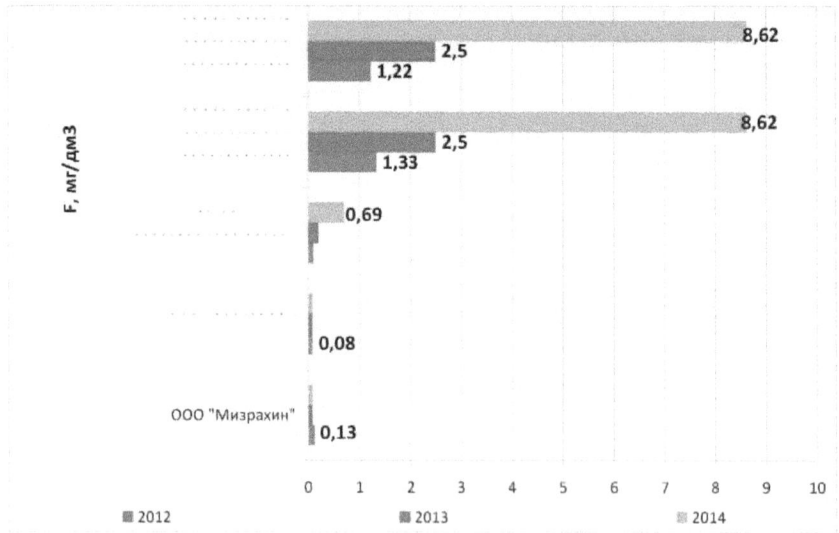

Abbildung 19. Vergleichende Charakterisierung der Qualität des Leitungswassers im Bezirk Krivoy Rog und des vorbehandelten Trinkwassers verschiedener Hersteller in Bezug auf den Fluoridgehalt.

[33]Wie in (Abb. 19) dargestellt, wurde der höchste Fluoridgehalt im Leitungswasser von 1 Taxon im Jahr 2014 gefunden: 0,69±0,01 mg/dm , während dieser Indikator im Wasser, das von beiden Herstellern vorbehandelt wurde, in einigen Beobachtungsjahren auf einem Niveau < 0,08 mg/dm lag. ³Bemerkenswert ist der niedrige Aluminiumgehalt < 0,04 mg/dm für alle Beobachtungsjahre im von beiden Herstellern vorbehandelten Wasser (Tabelle 15).

Tabelle 15
[3]Vergleichende Charakteristik der Qualitätsindikatoren des Trinkwassers aus der Leitung in einem ländlichen Taxon (Bezirk Krivoy Rog) und des vorbehandelten Trinkwassers verschiedener Hersteller nach dem Aluminiumgehalt, (mg/dm)

Jahre	Vorbehandeltes Trinkwasser Mizrahin LLC	Vorbehandeltes Trinkwasser OOO Anisimov	Leitungswasser in 1 Taxon	Effizienz der Trinkwasservorbehandlung durch Mizrahin LLC	Effizienz der zusätzlichen Aufbereitung von Trinkwasser durch Anisimov LLC
2012	< 0,04	< 0,04	< 0,05	1,25	1,25
2013	< 0,04	< 0,04	0,20±0,09	5,0	5,0
2014	< 0,04	< 0,04	0,13±0,05	3,25	3,25
p			$p = 0{,}1991$		

Anmerkung. [1]p - Signifikanzniveau der Nachbehandlungseffizienz
[2]Trinkwasser aus der Leitung verschiedener Hersteller nach dem Pearson-Kriterium χ.

Im Allgemeinen erfüllt sowohl das vorbehandelte Trinkwasser als auch das Leitungswasser nicht die Anforderungen von GOST 7525:2014 [50], da Aluminium im Wasser der dezentralen Trinkwasserversorgung (unverpackt und verpackt) nicht vorhanden sein sollte. Spuren dieses Indikators wurden sowohl im vorbehandelten Wasser als auch im Leitungswasser nachgewiesen. [3]So lag Aluminium im Trinkwasser von 1 Taxon in den einzelnen Beobachtungsjahren innerhalb der Grenzwerte: von (0,20±0,09) auf (0,13±0,05) mg/dm, wobei die Dynamik um das 1,5-fache abnahm. Gleichzeitig stieg die Effizienz der zusätzlichen Aufbereitung des Trinkwassers beider Hersteller um das 1,25- bis 3,25-fache. Der höchste Aluminiumgehalt wurde im Jahr 2013 im Leitungswasser festgestellt, wobei die Effizienz der Vorbehandlung um das 5,0-fache anstieg (Abb. 20).

Al, мг/дм3

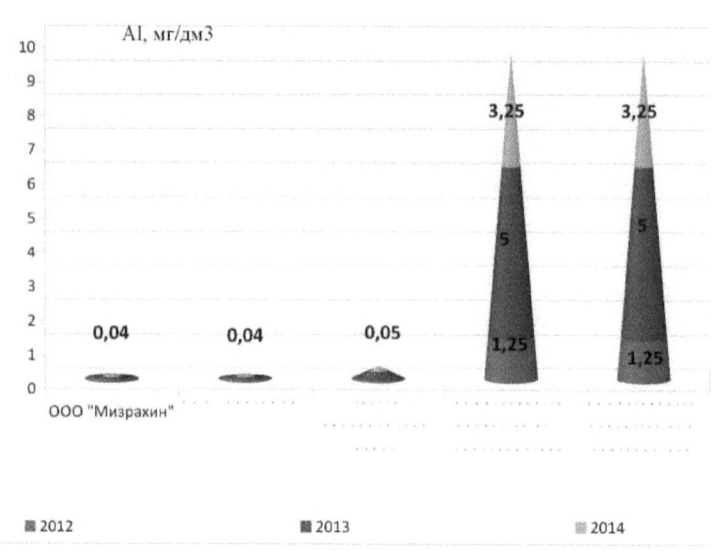

```
10
 9
 8                                                    3,25      3,25
 7
 6
 5                                                     5          5
 4
 3
 2   0,04        0,04        0,05
 1                                                    1,25      1,25
 0
    ООО "Мизрахин"
```

■ 2012   ■ 2013   ▨ 2014

Abbildung 20. Vergleich der Qualität des Leitungswassers im Bezirk Krivoy Rog und des vorbehandelten Trinkwassers verschiedener Hersteller in Bezug auf den Aluminiumgehalt.

Einige Indizes der Nitrifikationsaktivität reagierten nicht auf Anforderungen des normativen Dokuments GOST 7525:2014 [50] (Tabellen 16 - 18).

Tabelle 16

[3]**Vergleich der Qualitätsindikatoren des Leitungswassers in einem ländlichen Taxon (Bezirk Krivoy Rog) und des vorbehandelten Trinkwassers verschiedener Hersteller in Bezug auf den Gehalt an Ammoniakstickstoff (mg/dm)**

Jahre	Vorbehandeltes Trinkwasser Mizrahin LLC	Vorbehandeltes Trinkwasser OOO Anisimov	Leitungswasser in 1 Taxon	Effizienz der Trinkwasservorbehandlung durch Mizrahin LLC	Effizienz der zusätzlichen Trinkwasseraufbereitung von LLC Anisimov
2012	<0,05	<0,05	0,019±0,011	2,6	2,6
2013	<0,1	<0,1	0,22±0,06	2,2	2,2
2014	<0,1	<0,1	0,31±0,05	3,1	3,1
p	[1]$p = 0,223$; $p < 0,001$[2]				

[122]Anmerkung. p - Signifikanzniveau der Effizienz der Vorbehandlung von Leitungswasser verschiedener Firmen - Hersteller durch das χ - Pearson-Kriterium; - durch einfaktorielle ANOVA Varianzanalyse ($p < 0,001$).

Tabelle 17

[3]Vergleich der Qualitätsindikatoren des Leitungswassers in einem ländlichen Taxon (Bezirk Krivoy Rog) und des vorbehandelten Trinkwassers verschiedener Hersteller hinsichtlich des Nitritgehalts (mg/dm)

Jahre	Vorbehandeltes Trinkwasser Mizrahin LLC	Vorbehandeltes Trinkwasser OOO Anisimov	Leitungswasser in 1 Taxon	Effizienz der Trinkwasservorbehandlung durch Mizrahin LLC	Effizienz der zusätzlichen Trinkwasseraufbereitung von LLC Anisimov
2012	<0,02	<0,02	15,45±0,04	772,5	772,5
2013	0,0	0,0	0,011±0,006	-	-
2014	0,0	0,0	0,031±0,014	-	-
p	\multicolumn{5}{c}{p = 0,2231}				

Anmerkung. [1]p - Signifikanzniveau der Nachbehandlungseffizienz
[2]Trinkwasser aus der Leitung verschiedener Hersteller nach dem Pearson-Kriterium χ.

Tabelle 18

[3]Vergleich der Qualitätsindikatoren des Leitungswassers in einem ländlichen Taxon (Bezirk Krivoy Rog) und des vorbehandelten Trinkwassers verschiedener Hersteller hinsichtlich des Nitratgehalts (mg/dm)

Jahre	Vorbehandeltes Trinkwasser Mizrahin LLC	Vorbehandeltes Trinkwasser OOO Anisimov	Leitungswasser in 1 Taxon	Effizienz der Trinkwasservorbehandlung durch Mizrahin LLC	Effizienz der zusätzlichen Trinkwasseraufbereitung von Anisimov
2012	<0,5	<0,5	1,71±0,18	3,42	3,42
2013	<0,5	<0,5	<0,5	1,0	1,0
2014	<0,5	<0,5	1,07±0,39	2,14	2,14
p	p = 0,1991				

[1]Anmerkung: p - Signifikanzniveau der Nachbehandlungseffizienz
[2]Trinkwasser aus der Leitung verschiedener Hersteller nach dem Pearson-Kriterium χ.

[33]Ammoniak-Stickstoff wurde im vorbehandelten Wasser beider Hersteller konstant in Konzentrationen von (<0,05 - 0,1) mg/dm nachgewiesen, ebenso wie im Leitungswasser im Bereich von (0,019±0,011) bis (0,31±0,05) mg/dm , mit einer Tendenz zum Anstieg um das 16,3-fache im Zeitraum 2012 - 2014. Gleichzeitig wurde eine zuverlässige Effizienz der Trinkwasservorbehandlung von beiden Firmen - Herstellern in 2,6 - 3,1 mal (p < 0,001) gezeigt (Abb. 21).

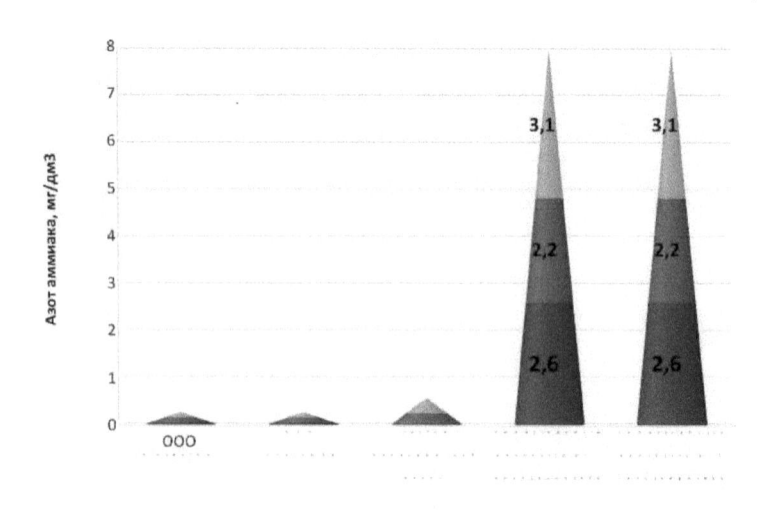

Abbildung 21. Vergleichende Charakterisierung der Leitungswasserqualität im Bezirk Krivoy Rog und des vorbehandelten Trinkwassers verschiedener Hersteller nach Stickstoffgehalt
    Ammoniak.

Nitrite überschritten den MAK-Wert im Leitungswasser von 1 Taxon 772,5 Mal im Jahr 2012 und 1,5 Mal im Jahr 2014. [3]Im vorbehandelten Wasser beider Hersteller lag Nitrit im Jahr 2012 innerhalb des MAK-Wertes (< 0,02 mg/dm) und war 2013-2014 nicht vorhanden (p = 0,223) (Abb. 22).

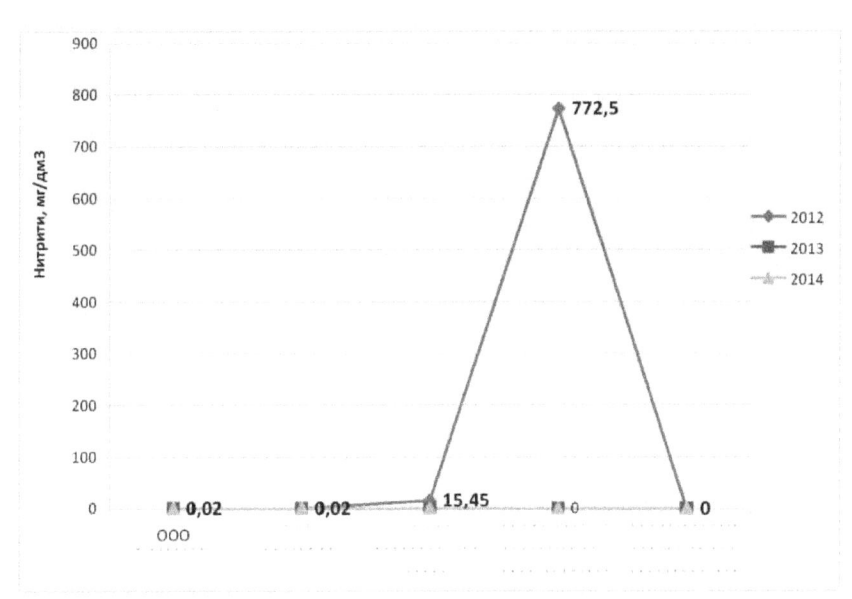

Abbildung 22. Vergleichende Charakterisierung der Qualität des Leitungswassers im Bezirk Krivoy Rog und des vorbehandelten Trinkwassers verschiedener Hersteller in Bezug auf den Nitritgehalt.

Der Nitratgehalt im vorbehandelten Wasser und im Leitungswasser überschritt im Zeitraum 2012-2014 nicht den MAK-Wert. [33]Niedrige Nitratkonzentrationen (< 0,5 mg/dm) wurden im vorbehandelten Wasser gefunden, während die Nitratwerte im Leitungswasser zwischen (1,71±0,18) und (1,07±0,39) mg/dm lagen, mit einer Tendenz zur Abnahme um das 1,6-fache. Die Effizienz der Wasservorbehandlung für diesen Indikator stieg vom 3,42-fachen im Jahr 2012 auf das 2,14-fache im Jahr 2014 (Abbildung 23).

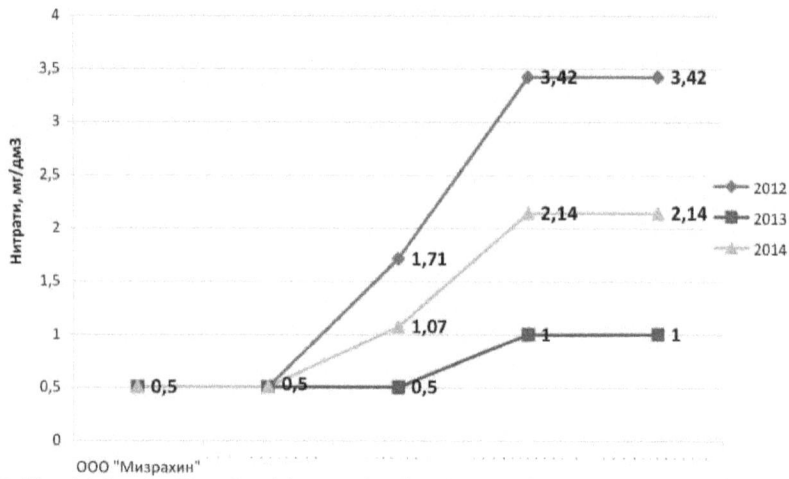

Abbildung 23. Vergleichende Charakterisierung der Qualität des Leitungswassers im Bezirk Krivoy Rog und des vorbehandelten Trinkwassers verschiedener Hersteller in Bezug auf den Nitratgehalt.

Die zunehmende Versauerung in allen Arten der Trinkwasserversorgung macht auf sich aufmerksam (Tabelle 19).

Tabelle 19

[3]**Vergleichende Charakteristik der Qualitätsindikatoren des Trinkwassers aus der Leitung in 1 ländlichen Taxon (Bezirk Krivoy Rog) und des von verschiedenen Firmen vorbehandelten Trinkwassers - Hersteller auf Versauerung, (mgO2/dm)**

Jahre	Vorbehandeltes Trinkwasser Mizrahin LLC	Vorbehandeltes Trinkwasser OOO Anisimov	Leitungswasser in 1 Taxon	Effizienz der Trinkwasservorbehandlung durch Mizrahin LLC	Effizienz der zusätzlichen Trinkwasseraufbereitung von LLC Anisimov
2012	1,62±0,01	1,27±0,20	5,57±0,08	3,44	4,38
2013	0,26±0,02	2,63±0,25	3,08±0,09	11,85	1,17
2014	3,70±0,10	3,77±0,02	4,04±0,83	1,09	1,07
p			p = 0,1991		

Anmerkung. [2]$_{1p}$ - Signifikanzniveau der Effizienz der Trinkwasservorbehandlung von verschiedenen Firmen - Herstellern nach dem Pearson-Kriterium χ - Pearson.

So überschritt die Oxidierbarkeit im vorbehandelten Wasser des ersten Herstellers (LLC "Mizrakhin") den MPC 2,2 Mal im Jahr 2012 und 5,0 Mal im Jahr 2014. Das vorbehandelte Wasser des zweiten Herstellers (LLC "Anisimov") überschritt ständig den vorgeschriebenen Wert für den Säuregehalt: 2,0 MAC - im Jahr 2012, 3,5 MAC - im Jahr 2013, 5,03 MAC - im Jahr 2014. Die höchste Oxidierbarkeit wies das Leitungswasser des Taxons 1 auf: 7,4 MAC - im Jahr 2012, 4,1 MAC - im Jahr 2013, 5,4 MAC - im Jahr 2014 (p = 0,199). $_2$[3]Nach GOST 7525:2014 [50] sollte der

Säuregehalt im Wasser der dezentralen Trinkwasserversorgung nicht mehr als 0,75 mgO /dm betragen. Gleichzeitig stieg die Effizienz der Wasservorbehandlung bei Wasser von einem Hersteller um das 3,44-, 11,8- und 1,09-fache, bei Wasser, das von zwei Herstellern vorbehandelt wurde, um das 4,38-, 1,17- und 1,07-fache.

Dieser Trend ist wahrscheinlich auf den systematischen Zufluss organischer Stoffe in die Quelle der Wasserversorgung von Taxon 1 - den Karachunovskoye-Stausee, dessen Wasser für die Trinkwasserversorgung dieses Taxons (Bezirk Krivoy Rog) verwendet wird, zurückzuführen, sowie gleichzeitig von spezialisierten Unternehmen für die zusätzliche Aufbereitung (Firmen - Hersteller LLC "Mizrakhin" und "Anisimov"), aus dem Leitungs-Trinkwasser, das durch das System der zentralisierten Wasserversorgung in der Krivoy Rog Urbanisation Zone, nämlich die Karachunovskoye Reservoir (Abb. 24). 24).

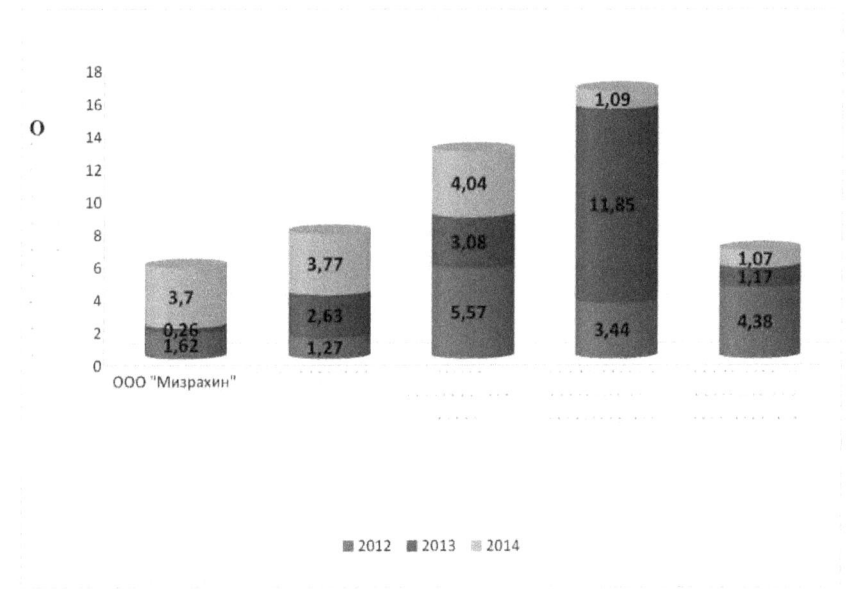

Abbildung 24. Vergleichende Charakterisierung der Qualität des Leitungswassers im Bezirk Krivoy Rog und des vorbehandelten Trinkwassers verschiedener Hersteller in Bezug auf die Oxidation.

SCHLUSSFOLGERUNG

1. Bis heute sind der Fluss Ingulets und der Stausee Karachunovskoye einer intensiven anthropogenen Verschmutzung ausgesetzt, die auf die Aktivitäten der Bergbauunternehmen in der Stadt Krivoy Rog zurückzuführen ist. Die Verschlechterung der Wasserqualität des Ingulets-Flusses ist ein nationales Problem. Es besteht die Gefahr, dass sich erhebliche Mengen hochmineralisierten Wassers im Karachunovskoye-Stausee ansammeln. Die langfristige Einleitung von Minen-, Steinbruch-, Filtrations- und unzureichend behandelten Industrieabwässern in den Ingulets-Fluss führt zu einem Rückgang der Selbstreinigungsprozesse.

2. Darüber hinaus erfüllen veraltete Trinkwasseraufbereitungstechnologien keine Barrierefunktion gegen viele Schadstoffe in natürlichen Gewässern, die hauptsächlich der Qualitätsklasse 3 entsprechen, während die Wasserversorgungsanlagen für eine wirksame Behandlung von Quellwasser der Qualitätsklasse 1 ausgelegt sind.

3. Allein die Verbesserung der Wasseraufbereitungstechnologien entsprechend den Wasserklassen der Wasserquelle ohne die Gewährleistung eines angemessenen sanitären und technischen Zustands der Wasserversorgungsnetze kann nicht dazu beitragen, Trinkwasser von garantiert hoher Qualität zu erhalten.

4. Die Struktur der Morbidität der erwachsenen Bevölkerung in den verschiedenen Taxa der Region Dnepropetrovsk unterscheidet sich nach Krankheitsklassen. So weisen im Taxon 1 die Krankheiten der Klassen X (27,9 %), IX (11,51 %), XIV (7,74 %), XIII (5,10 %) und XI (4,20 %) das größte spezifische Gewicht auf; im Taxon 2: Für Krankheiten der Klassen X (25,32 %), IX (13,9 %), XIV (8,19 %), XII (4,22 %), XIII (6,21 %) und IV (2,98 %); in Taxon 3: für Krankheiten der Klassen X (28,97 %), IX (13,55 %), XII (5,90 %), XIV (5,88 %) und XIII (4,01 %); in Taxon 4: Für Krankheiten der Klassen X (26,17 %), IX (13,43 %), XIV (7,71 %), XIII (4,03 %) und XI (4,01 %); in 5 Taxa: Für Krankheiten der Klassen X (27,79 %), IX (12,17 %), XIV (7,15 %), XIII (5,09 %), XII (4,44 %); in 6 Taxa: für Krankheiten der Klassen X (22,86 %), IX (13,71 %), XIV (6,84 %), XIII (6,26 %) und XI (4,26 %).

5. So wurde in der Struktur aller Krankheiten in der erwachsenen Bevölkerung das Muster der höchsten Inzidenz von Krankheiten des Atmungssystems, des Kreislaufsystems, des Urogenitalsystems, des Muskel-Skelett-Systems und der Verdauungsorgane in allen ländlichen Taxa der Region Dnipropetrowsk festgestellt. Das geringste spezifische Gewicht haben die Krankheiten der Klasse XI (K80-K87), der Klasse XIV (N25-N29) und (N17-N19) sowie der Klasse XVII,

einschließlich der angeborenen Anomalien des Kreislaufsystems, in allen Taxa der Region.

6. Die Ergebnisse unserer Studie zeigen überzeugend, dass das größte spezifische Gewicht in der Struktur aller Krankheiten in der erwachsenen Bevölkerung, in allen 6 Taxa-Typen in der Region Dnepropetrovsk, verursacht durch Krankheiten des Atmungs-, Kreislauf-, Verdauungs-, Urogenital- und Knochen- und Muskelsystems und andere Klassen von Krankheiten, mit den Daten der Literatur korreliert [47, 48, 49]. Insbesondere Infektions- und Parasitenkrankheiten, Erkrankungen des Nervensystems, des Blutes und der blutbildenden Organe, einschließlich Anämien, Neoplasmen sowie einige nosologische Formen - Salzarthropathie, Nieren- und Harnleitersteine, angeborene Anomalien (Fehlbildungen), einschließlich des Kreislaufsystems, nehmen die letzten Plätze in der Struktur aller Krankheiten bei den Bewohnern des ländlichen Raums in allen Taxa der Region für 2008 - 2013 ein.

7. Die vergleichende Bewertung der Qualitätsindikatoren für die Trinkwasserversorgung in vorbehandeltem Wasser und Leitungswasser zeigte Ähnlichkeiten bei einigen Indikatoren, wie z. B.: erhöhte Versauerung, konstantes Vorhandensein von Ammoniak-Stickstoff, der nach GOST 7525 nicht vorhanden sein sollte:2014 [50], Ähnlichkeit der Salzzusammensetzung (Trockenrückstand, Chlorid- und Sulfatgehalt, pH-Wert), vor dem Hintergrund niedriger Konzentrationen von TM (Cu, Zn, Mn), Nitriten und Nitraten, Aluminium und Fluorid in einigen Jahren der Beobachtung in Proben von vorbehandeltem Trinkwasser beider Hersteller.

8. Diese Ähnlichkeit der Trinkwasserqualitätsindikatoren des Leitungswassers und des vorbehandelten Wassers in der Urbanisierungszone Krivoy Rog ist wahrscheinlich durch die gleichzeitige Nutzung als Wasserversorgungsquelle - Karachunovskoye Reservoir, dessen Wasser sowohl für die Trinkwasserversorgung eines Taxons (Bezirk Krivoy Rog) als auch für die Wasservorbehandlung durch verschiedene Firmen - Produzenten in der gleichen Urbanisierungszone Krivoy Rog - verwendet wird, verursacht.

9. Es wurde festgestellt, dass unter den Einwohnern der ländlichen Taxa der Region Dnepropetrovsk die größte Anzahl von Quellen der Trinkwasserversorgung in 1 (244 Wasserquellen, d.h. 33,6 %), 6 (227, d.h. 31,3 %) und 5 Taxa (107, d.h. 14,7 %) zu finden ist, während die kleinste Anzahl in 4 (94, d.h. 13 %), 3 (33, d.h. 4,5 %) und 2 Taxa (20, d.h. 2,7 %) zu finden ist. Die größte Anzahl dezentraler Trinkwasserversorgungsquellen befindet sich im Taxon 1 - 235 (43,6 %), die kleinste im Taxon 3: 5 (0,9 %). Von den zentralen Wasserversorgungsquellen befindet sich die höchste Anzahl im Taxon 6: 79 (42,2 %), die kleinste - in Taxon 2: 20 (2,7 %). In allen 6 Taxa des Gebiets Dnepropetrovsk beträgt die Gesamtzahl der Wasserversorgungsquellen 725, darunter: 187 - zentralisiert, 538 - dezentralisiert.

10. Es wurde festgestellt, dass ein Teil der Landbewohner der überwiegenden Mehrheit der ländlichen Taxa im Gebiet Dnepropetrovsk, die durch kollektive Trinkwasserversorgungssysteme versorgt werden sollten, keinen Zugang zu qualitativ hochwertigem Trinkwasser haben, da die Versorgungsraten in allen Taxa des Gebiets durch kollektive Wasserversorgungssysteme unter den empfohlenen "Nationalen Zielindikatoren" [420] von (18,5 - 1,5 bis (25,9 - 2,0) mal: (50 - 70) % - Dörfer, (90 - 100) % - Städte und Siedlungen, (90 - 100) % - Städte und Dörfer [420] liegen. [420] von (18,5 - 1,5) bis (25,9 - 2,0) mal: (50 - 70) % - in Dörfern, (90 - 100) % - in Städten und Gemeinden.

11. Die Ergebnisse der durchgeführten Untersuchungen ermöglichen es, ein umfassendes Konzept zur Verbesserung des Flusses Ingulets und des Karachunovskoye-Stausees - der Hauptquellen der zentralen Wasserversorgung für die ländliche Bevölkerung der Urbanisierungszone Krivoy Rog - wissenschaftlich zu begründen; eine Reihe von Maßnahmen zu formulieren, die auf die Notwendigkeit der vorrangigen Umsetzung des Überwachungssystems der Gesundheitsindikatoren der ländlichen Bevölkerung abzielen; den primären Bedarf für die Verwendung von vorbehandeltem Trinkwasser in ländlichen Taxons der Region Dnepropetrovsk zu skizzieren, die keinen Zugang zu Trinkwasser in den ländlichen Gebieten der Region Dnepropetrovsk haben.

REFERENZLISTE:

1. Serdyuk, A.M. 20 Jahre Nationale Akademie der medizinischen Wissenschaften der Ukraine: Ergebnisse und ein Blick in die Zukunft / A.M. Serdyuk // Zeitschrift der Nationalen Akademie der medizinischen Wissenschaften der Ukraine. - Bd. 19. - № 2. -2013. -C. 134 - 138.
2. Prokopov, V.A. Zustand und Qualität des Trinkwassers der zentralen Wasserversorgungssysteme unter modernen Bedingungen (Betrachtung des Problems aus der Sicht der Hygiene) / V.A. Prokopov // Hygiene der besiedelten Orte. - Heft 64. - K., 2014. - C. 56 - 67.
3. Ryzhenko S.A. Wege zur Versorgung der Bevölkerung der Region Dnepropetrovsk mit hochwertigem Trinkwasser / S.A. Ryzhenko, K.P. Vainer // Proceedings of the III International Scientific and Practical Conference "Healthy Lifestyle: Problems and Experience". - 2013. - C. 315 - 319.
4. Mokienko, A.V. Begründung der Erforschung des Einflusses des Faktors Wasser auf die Gesundheit der Bevölkerung (Literaturübersicht) / A.V. Mokienko, L.I. Kovalchuk // Hygiene der besiedelten Orte. - Ausgabe 64. - K., 2014. - C. 67 -76.
5. Gozhenko A.I. Wasser und Gesundheit: ein Versuch, das Problem zu bewerten: ein Überblick über die Literatur / A.I. Gozhenko, A.V. Mokienko, N.F. Petrenko // Gesundheit der Ukraine. - 2006. - C. 6 - 12.
6. Okrugin, Yu.A. Einfluss der mikrobiologischen und parasitologischen Indikatoren des Haushaltsabwassers auf die Wasserqualität offener Gewässer / Yu.A. Okrugin, S.V. Kapranov, L.I. Kosenko // Surrounding environment and health. - 2003. - № 4 (27). - C. 51 - 56.
7. Prokopov, V.A. Wissenschaftliche und praktische Fragen der Versorgung der Bevölkerung der Ukraine mit hochwertigem Trinkwasser / V.A. Prokopov // Proceedings of the XIV Congress of Hygienists of Ukraine "Hygienic science and practice at the turn of the century". - T. 1. - Dnepropetrowsk, 2004. - C. 109 - 111.
8. Risikobewertung nicht karzinogener Wirkungen auf Organe und Systeme der Bevölkerung von Städten mit nur einer Industrie und ländlichen Gebieten / V.M. Boev, D.A. Kryazhev, L.M. Tulina, A.A. Neplokhov, M.V. Boev // Proceedings of the Plenum of the Scientific Council of the Russian Federation on human ecology and environmental hygiene (11 - 12 December 2014). - Moskau: FGBU "Forschungsinstitut für Humanökologie und Umwelthygiene, benannt nach A.N. Sysin" des Gesundheitsministeriums Russlands, 2014. -C. 55 - 57.
9. Onischtschenko G.G. Über den sanitären und epidemiologischen Zustand der Umwelt / G.G.

Onischtschenko // Hygiene und sanitäre Einrichtungen. - 2013. - № 2. -С. 4 - 10.

10. Mudry I.V. Schwermetalle in der Umwelt und ihre Wirkung auf den Organismus / I.V. Mudry, T.K. Korolenko // Doctor's case. - 2002. -№ 5. -С. 6 -9.

11. Rukavichka, A.N. Organisation des ökologischen und hygienischen Monitorings der Schwermetallakkumulation im System "Boden - Gemüseproduktion" auf dem Territorium des Dubrovitsky Kreises des Gebietes Rivne / A.N. Rukavichka, I.V. Gushchuk // Hygiene der bewohnten Orte. - Heft 62. -К., 2013. -С. 100 - 106.

12. die Überwachung von durch Wasser übertragenen - Krankheitsausbrüchen / Boubetra L., Le Nestour F., Allaert C., Feinberg M. // Appl. Environ. Environ. Microbiol. - May 2011. -№ 77 (10). -P. 3360 - 3367.

13. Anfälligkeit von Trinkwasserbrunnen / Parker A.A., Stivenson R.A., Raily P.L., Ombeki S.A., Komolleh C.L.. // Epidemiol. Infect. - Oktober 2006. - № 134 (5). -P. 1029 - 1036.

14. Status der Grundwasserkontamination in den USA / Mausezahl D., Teller F., Iriarte M. // Clinical Microbiol. - July 2010. -№ 23 (3). -P. 507 - 528.

15. Wasserqualität für Rinder / Hattendorf J.L., Cattaneo M.D., Arnold V.F., Smith T.J. // Water Resources. - November 2010. -№ 49 (1). - P. 9 - 15.

16. Risikofaktoren, die zur mikrobiologischen Verunreinigung des Trinkwassers beitragen / Gueler F.M., Heiringhoff K.H., Engeli S.P., Heusser K.L.. // Environ. Health Perspectives. - October 2012. - № 6 (8). - P. 823 - 935.

17. Handbuch der Sozialhygiene und der Organisation des Gesundheitswesens in 2 Bänden. T. 1 / Y. P. Lisitsyn, E. N. Shigan, I. S. Sluchanko [et al]. Herausgegeben von Y. P. Lisitsyn. -M.: Medizin, 1987. - 432 c.

18. Prognostische Bewertung der Morbiditätsindikatoren der Bevölkerung, die in der Einflusszone des KKW Chmelnizkij lebt / N. S. Polka, V. M. Dotsenko, A. I. Kostenko, I. V. Kakura // Proceedings of the XIX International Scientific and Practical Conference and Exhibition-Fair. Band II. "Kazantip-EKO-2011", (6-10 Juni 2011, AR Krim, Kap Kazantip, Shchelkino). - Kharkiv: UkrGSTC "Energostal", 2011. -С. 7-13.

19. Methodische Empfehlungen "Bewertung des Risikos für die öffentliche Gesundheit durch Luftverschmutzung" MR 2.2.12-142-2007. - Gültig ab 13.04.2007. - Kiew: Ministerium für Gesundheit der Ukraine, 2007. - 39 c.

20. Chernichenko I. A. Wissenschaftliche Grundlagen der hygienischen Rationierung von chemischen Karzinogenen bei komplexer und kombinierter Aufnahme in den Organismus : autoref. 14.02.01 "Hygiene" / I. A. Tschernichenko. - Kiew, 1992. -44 c.

21. Trakhtenberg I. M. Schwermetalle als chemische Schadstoffe in Produktion und Umwelt. Ökologische und hygienische Aspekte / I. M. Trakhtenberg. - Minsk : Wissenschaft und Technik, 1994. - 285 с.
22. Schwermetalle in der Umwelt und ihre Wirkung auf den Organismus (Übersicht) / R. S. Gildenskiold, Y. V. Novikov, R. S. Khamidulin et al. // Hygiene und sanitäre Einrichtungen. - 1992. - № 5-6. - С. 6-9.
23. Yanysheva N. Ya. Hygienische Probleme des Umweltschutzes vor Verschmutzung durch Karzinogene / N. Ya. Yanysheva, I. S. Kireeva, I. A. Chernichenko et al. - Kiew: Zdorovye, 1985. - 102 с.
24. Persheguba Ya. V. Vergleichende Bewertung des karzinogenen Risikos von Lebensmitteln und städtischer atmosphärischer Luft / J. V. Persheguba // Proceedings of the XIX International Scientific and Practical Conference and Exhibition-Fair. Band II. "Kazantip-EKO-2011", (6-10 Juni 2011, AR Krim, Kap Kazantip, Shchelkino). - Kharkov: UkrGSTC "Energostal", 2011. - С. 19-23.
25. Hygienische Bewertung von Wasserressourcen / V. L. Savina, S. V. Vitrischak, A. E. Akberov, V. V. Zhdanov // Proceedings of the XIX International Scientific and Practical Conference and Exhibition-Fair. Band III. "Kazantip-EKO-2011", (6-10 Juni 2011, AR Krim, Kap Kazantip, Shchelkino). - Kharkov: UkrGSTC "Energostal", 2011. -С. 303-305.
26. Projekt "Region Dnipropetrowsk. Schema der Gebietsplanung". Erläuternde Notiz. T. I, II / Ukrainisches Staatliches Forschungsinstitut für Stadtplanung "Dnepropetrovsk". - Kiew. - 2009.
27. SanPiN Nr. 4630-88 Sanitäre Regeln und Normen zum Schutz der Oberflächengewässer vor Verschmutzung.
28. GOST 4808:2007 Quellen der zentralisierten Trinkwasserversorgung. Hygienische und ökologische Anforderungen an die Wasserqualität und Regeln für die Probenahme. - Kiev, 2012. - 27 с.
29. Hygienische Anforderungen an Trinkwasser für den menschlichen Gebrauch: Staatliche Sanitärnormen und -vorschriften GSanPiN 2.2.4-171-10; genehmigt durch Erlass des Gesundheitsministeriums vom 12.05.2010, № 40. - Zugriffsmodus: http://normativ.ua/types/tdoc19074.php.
30. Gesundheitsindikatoren der Bevölkerung der Region Dnipropetrowsk in 2008-2013 . - Dnipropetrowsk: Hauptabteilung Gesundheitsversorgung der regionalen staatlichen Verwaltung. Regionales Zentrum für medizinische Statistik in Dnipropetrowsk, 2014. - 286 с.

31. ICD X: Internationale statistische Klassifikation der Krankheiten und verwandter Gesundheitsprobleme. - 10. Revision. - Genf: WHO, 1995. -T. 1, Ч. 1. - 698 S., Kap. 2. -633 S., Kap. 2. -172 S.
32. Borovikov V. STATISTICA: Die Kunst der Datenanalyse mit dem Computer. Für Fachleute / V. Borovikov. - St. Petersburg, 2001. - 656 c.
33. Lapach S. N. Statistische Methoden in der biomedizinischen Forschung mit Excel / Lapach S. N., Chubenko A.. N., Chubenko A. V. V., Babich P. N.-K.: Morion, 2001. -408 c.
34. Stand der Umweltverschmutzung auf dem Gebiet der Ukraine http://www.cgo.kiev.ua/index.pdf
35. Stand der dezentralen Wirtschafts- und Trinkwasserversorgung Prokopov V.A., Kuzminets A.N., Sobol V.A. // Hygiene von bewohnten Orten. - 2008. - Ausgabe 51. - C. 63-68.
36. Ryzhenko, S.A. Trihalomethane im Trinkwasser / S.A. Ryzhenko // Präventivmedizin. - 2009. - № 4. - C. 2021.
37. Koshelnik, M.A. Technogene Belastung von Gewässern: Folgen für die öffentliche Gesundheit / M.A. Koshelnik // Präventivmedizin. - 2009. -№ 4. - C. 28-31.
38. Die Qualität des Wassers der zentralen Wasserversorgung in der Ukraine nach sanitär-mikrobiologischen Indikatoren und die damit verbundene Infektionsmorbidität / Korchak G.I., Surmacheva A.V., Nekrasova L.S. et al. // Umwelt und Gesundheit. - 2012. - № 4. - C. 39-41.
39. Aus der Erfahrung von Gossannadzor über die Qualität von verpacktem Trinkwasser / Larchenko, V.I.; Ovchinnikova, V.A.; Zaitsev, V.V.; Ostapchuk, E.A.; Zadvornaya, V.V. // Environment and health. - 2008. - № 1 (44). - C. 43-44.
40. Nationales Programm für die ökologische Verbesserung des Dnjeprbeckens und die Verbesserung der Trinkwasserqualität. Entschließung der Werchowna Rada der Ukraine vom 27. Februar 1997.
41. Wasser als Quelle von Infektionskrankheiten / Nikolenko P. P. P., Beloivanenko V. I., Kuleshov N. I. // Med. Vesti. - 1997. - № 3. - C. 14-16.
42. Einfluss mikrobiologischer und parasitologischer Indikatoren häuslicher Abwässer auf die Wasserqualität offener Gewässer / Okrugin Y. A., Kapranov S. V., Kosenko L. I. u. a. // Environment and health. V., Kosenko L. I. u. a. // Umwelt und Gesundheit. - 2003. - № 4 (27). - C. 51-56.
43. Alekseenko, N.N. Ökologische Bewertung des Zustands der Wasserqualität des Krementschuger Stausees / N.N. Alekseenko // Umwelt und Gesundheit. - 2004. - № 2 (29). - C. 30-35.

44. Palchitsky A. M. Kakhovka Reservoir: Aktueller Zustand und mögliche ökologische und sanitäre Prognosen. A.M. Palchitsky // Hygiene und sanitäre Einrichtungen. - 1991. -№ 10. -C. 21-25.

45. Ryzhenko S.A. Einzelne Aspekte des Zustands der Umwelt der technogenen Region und Ansätze in der Organisation der Arbeit des staatlichen epidemiologischen Dienstes der Region Dnepropetrovsk / S.A. Ryzhenko // Umwelt und Gesundheit. - 2004. - № 2 (29). - C. 48-53.

46. Hryhorenko LV. Trinkwasserqualität im Karachunyvskyi Stausee / L.V. Hryhorenko // Austrian Journal of Technical and Natural Sciences. - 2014 (February 28). -№1. -C.40 -45.

47. Wissenschaftliche und methodische Ansätze zur Berechnung tatsächlicher und verhinderter medizinischer, demografischer und wirtschaftlicher Verluste im Zusammenhang mit den negativen Auswirkungen von Umweltfaktoren / N. V. Zaitseva, I. V. May, D. A. Kiryanov // Proceedings of the Plenum of the Scientific Council on Human Ecology and Environmental Health (11 - 12 December, 2014). - M.: FGBU "Forschungsinstitut für Ökologie und Hygiene benannt nach A. N. Sysin des Gesundheitsministeriums der Russischen Föderation". - C. 85 - 103.

48. Zusammenhang zwischen chronischen nicht-infektiösen Krankheiten und dem Zustand der Umwelt / Yu.A. Rakhmanin, A.A. Stekhin, G.V. Yakovleva, V.V. Ryabikov // Proceedings of the Plenum of the Scientific Council on Human Ecology and Environmental Health (Dezember 2014). Ryabikov // Proceedings of the Plenum des Wissenschaftlichen Rates für Humanökologie und Umwelthygiene (11 - 12 Dezember, 2014). - M.: FGBU "Forschungsinstitut für Ökologie und Hygiene benannt nach A.N. Sysin des Gesundheitsministeriums der Russischen Föderation". - C. 78 - 93.

49. Analytische Probleme bei der Untersuchung der komplexen Wirkung von Umweltfaktoren auf die öffentliche Gesundheit / A. G. Malysheva, E. G. Rastiannikov, N. Yu. Kozlova // Proceedings of the Plenum of the Scientific Council on Human Ecology and Environmental Hygiene (11 - 12 December, 2014). - Moskau: FGBU "Forschungsinstitut für Ökologie und Hygiene benannt nach A. N. Sysin des Gesundheitsministeriums der Russischen Föderation". - C. 118 - 140.

50. Trinkwasser. Anforderungen und Methoden der Qualitätskontrolle. GOST 7525:2014. - Kiew: Ministerium für wirtschaftliche Entwicklung der Ukraine, 2014. - 25 c.

Grigorenko Lyubov Viktorovna, Kandidatin der medizinischen Wissenschaften, außerordentliche Professorin der Abteilung für Hygiene und Ökologie "Dnipropetrovsker medizinische Akademie der MHI". Zweite Hochschulausbildung in der Ausbildungsrichtung 6.020303 "Spezialist für Philologie. Übersetzer der englischen Sprache". Führt praktischen Unterricht und Konsultationen durch, hält Vorlesungen zum Thema: "Allgemeine Hygiene und Ökologie" für englischsprachige ausländische Studenten und Studenten der medizinischen Fakultäten von VI Kursen im Fachgebiet: "Medizin". Autor von 130 Veröffentlichungen: 79 mit wissenschaftlichem und 51 mit didaktisch-methodischem Charakter, davon 17 in fakh-Publikationen. Nach der Verteidigung der Doktorarbeit veröffentlichte sie 102 wissenschaftliche Artikel: 59 - in wissenschaftlichen Zeitschriften und 43 pädagogisch-methodische, darunter 14 Arbeiten in Fakh-Publikationen, 10 - ausländische Artikel, 4 - in internationalen wissenschaftlich-technischen Zeitschriften; 10 Lehrmittel für englischsprachige Studenten; 6 Autorenzertifikate.

Mitglied der Föderation des nationalen Teams von Wissenschaftlern des internationalen IASHE-Projekts (in London). Dreimal erhielt sie eine Bronzemedaille für die beste Publikation in englischer Sprache als Preisträgerin der Wettbewerbsstufen I, II und III im Bereich "Medizin und Pharmazie, Biologie, Veterinärmedizin und Landwirtschaft", Sektion "Hygiene".

I want morebooks!

Buy your books fast and straightforward online - at one of world's fastest growing online book stores! Environmentally sound due to Print-on-Demand technologies.

Buy your books online at
www.morebooks.shop

Kaufen Sie Ihre Bücher schnell und unkompliziert online – auf einer der am schnellsten wachsenden Buchhandelsplattformen weltweit! Dank Print-On-Demand umwelt- und ressourcenschonend produziert.

Bücher schneller online kaufen
www.morebooks.shop

info@omniscriptum.com
www.omniscriptum.com

OMNIScriptum